ÉLÉMENTS D'HISTOIRE NATURELLE

ANIMAUX

PAR

M. Gaston BONNIER

Agrégé des Sciences physiques. — Docteur ès Sciences naturelles.
— Maître de Conférences à l'École Normale Supérieure.

Ouvrage rédigé conformément aux programmes officiels
du 2 août 1880, à l'usage de la classe de huitième
(à l'usage des classes de septième et de sixième
pendant l'année 1880-81.)

AVEC 144 FIGURES DANS LE TEXTE

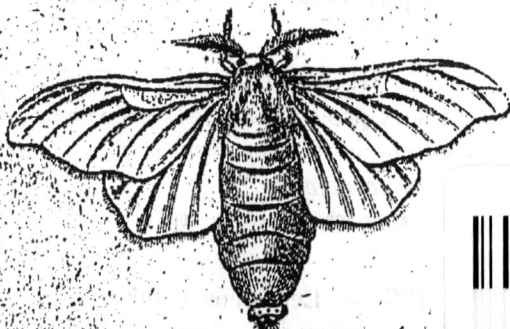

PARIS

SOCIÉTÉ D'IMPRIMERIE ET LIBRAIRIE ADMINISTRATIVES ET DES CHEMINS DE FER

Paul DUPONT

41, RUE JEAN-JACQUES-ROUSSEAU (HÔTEL DES FERMES)

1881

ÉLÉMENTS D'HISTOIRE NATURELLE

ANIMAUX

ÉLÉMENTS D'HISTOIRE NATURELLE

ANIMAUX

PAR

M. Gaston BONNIER

Agrégé des Sciences physiques. — Docteur ès Sciences naturelles.
— Maître de Conférences à l'École Normale Supérieure.

Ouvrage rédigé conformément aux programmes officiels
du 2 août 1880, à l'usage de la classe de huitième ;
(à l'usage des classes de septième et de sixième
pendant l'année 1880-81).

AVEC 144 FIGURES DANS LE TEXTE

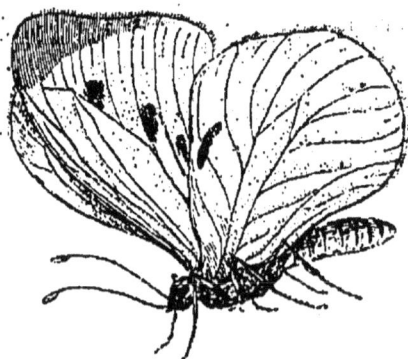

PARIS

SOCIÉTÉ D'IMPRIMERIE ET LIBRAIRIE ADMINISTRATIVES ET DES CHEMINS DE FER

Paul DUPONT

41, RUE JEAN-JACQUES-ROUSSEAU (HÔTEL DES FERMES)

1881

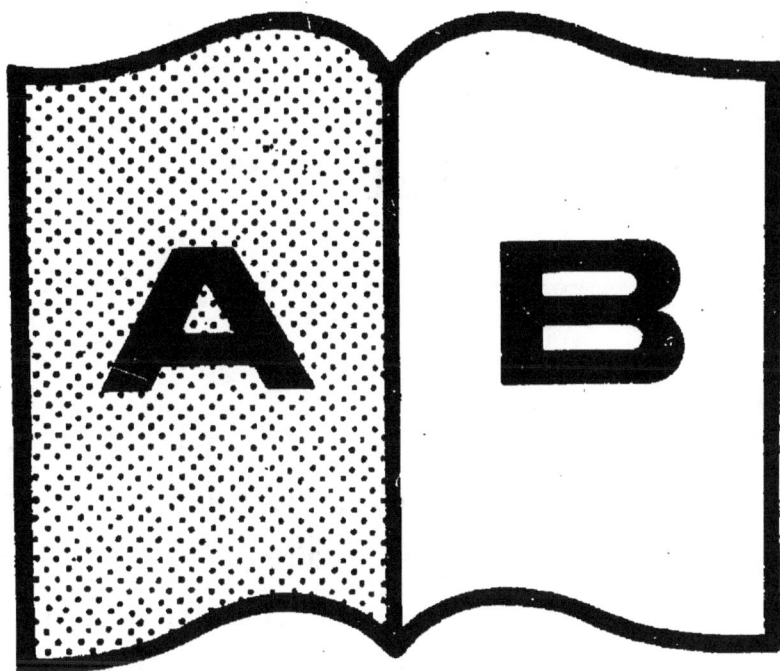

Contraste insuffisant

NF Z 43-120-14

PRÉFACE

Ce petit ouvrage n'est pas un livre de *lectures*.

On a seulement essayé d'indiquer comment on pourrait appliquer à une étude préliminaire des animaux, la méthode nouvelle introduite dans l'enseignement secondaire pour traiter des premières notions des sciences.

Dans les pages qui suivent, on ne s'est pas proposé comme but l'*amusement* des élèves, la satisfaction pure et simple donnée à leur curiosité. Si l'on veut que le premier enseignement des sciences naturelles développe chez l'enfant l'esprit d'observation et le raisonnement qui doit résulter de la comparaison des choses, il est nécessaire que cet enseignement soit pris au sérieux.

Aussi la description détaillée des animaux les plus étranges des pays lointains ne se trouve pas dans cet ouvrage. Les mœurs des animaux ne sont même mentionnées que lorsqu'elles ont un rapport évident avec leur organisation.

Les sujets traités ne sont pas disposés rigoureusement dans l'ordre des chapitres du Programme. Le Programme, en effet, ne doit être considéré que comme un catalogue des sujets à exposer, et toute latitude est laissée au professeur quant à l'ordre à suivre.

Au reste, il serait presque impossible d'appliquer la méthode qu'on veut introduire en suivant à la lettre la succession des sujets indiqués. Si l'on veut procéder du connu à l'inconnu, il ne faut pas parler de la distribution des animaux dans les diverses régions du globe avant d'avoir traité des animaux; il ne faut pas enseigner les différences entre les animaux et les végétaux avant d'avoir montré et décrit aux enfants un certain nombre d'animaux et de végétaux (1).

Mais, pour faire observer aux enfants eux-mêmes les caractères qu'ils remarqueront en examinant les animaux, pour que l'enseignement soit réellement fait avec des objets ou des tableaux, il est nécessaire de *restreindre* autant que possible le nombre des exemples.

---

(1) Ces sujets seront traités dans le livre des végétaux, à la fin du cours de huitième.

Si l'on veut présenter aux élèves autre chose qu'un chaos inextricable de noms inconnus ou de descriptions innombrables d'animaux qu'il sera impossible de leur montrer, il faut savoir se borner, choisir un petit nombre de types, parmi les plus répandus et parmi ceux qui habitent notre région.

Ajoutons qu'il est très important d'éviter avec grand soin tous les mots techniques qui ne seraient pas absolument indispensables. — C'est un point sur lequel on ne saurait trop insister. Le succès du nouvel enseignement en dépend.

D'après l'esprit du Programme, l'enseignement des premières notions sur l'histoire naturelle des animaux, doit être surtout *descriptif;* l'exposé des diverses fonctions, de la disposition des organes internes doit être écartée. Seule, la structure de la charpente osseuse des Vertébrés pourra être sommairement décrite.

Dès lors, que restait-il d'intéressant, de propre à développer l'esprit d'observation des élèves? Evidemment, ce sont surtout les diverses adaptations des animaux; c'est d'ailleurs ce qu'indique nettement le programme.

Montrer d'une manière élémentaire le lien qui existe entre les fonctions et la forme des organes chargés de les accomplir, tel est le but principal qu'on s'est proposé d'atteindre dans ce petit ouvrage.

Les animaux, cependant, ont été répartis dans les grands groupes de la classification qu'il est facile d'exposer dans leurs traits généraux et qu'on peut faire édifier par les élèves eux-mêmes, au moyen de questions successives, sans entrer dans les détails d'une « classification pédantesque ».

Une étude sommaire du squelette des Vertébrés, pourra être rendue facile et attrayante par le matériel nouveau mis à la disposition des lycées, éclairera bien des comparaisons à établir. L'expérience a prouvé cette année que maintenue dans de sages limites, cette étude pouvait être parfaitement comprise par les élèves de la classe de huitième.

Les exemples que nous avons choisis sont ceux de la liste officielle du *Matériel pour l'enseignement des sciences naturelles dans les lycées,* dont seront bientôt pourvus tous les lycées et collèges ; ils sont pris dans les collections et parmi les tableaux d'enseignement non seulement de la classe de huitième, mais aussi, lorsque cela était utile, parmi ceux de la classe de cinquième, tous les objets d'une classe pouvant servir pour une autre, car les collections sont disposées de manière à se compléter réciproquement.

C'est la mise en pratique de l'enseignement nouveau, au moyen de cette collection et par la méthode adoptée qu'on a cherché à indiquer ici. Cet enseignement sera utilement complété par un *Livre de lectures* qui reposera l'attention des élèves; il en existe de nombreux et d'excellents, et certains maîtres de la science n'ont pas dédaigné de consacrer une partie de leur temps à la rédaction de ces ouvrages.

Mais, quel que soit l'attrait des lectures faites, elles ne devront pas faire négliger l'enseignement proprement dit, avec les objets ou les dessins, l'enseignement où l'élève, provoqué par les questions du maître, agit avec une certaine initiative, et trouve lui-même les différences, les ressemblances qu'on veut lui faire remarquer, les conséquences qu'il doit en déduire.

Ayant été chargé de faire des conférences sur cet enseignement aux professeurs des lycées de Paris, Versailles et Vanves, depuis le commencement de l'année scolaire (1), j'ai pu constater que partout où la méthode nouvelle avait été sincèrement appliquée, elle a donné d'excellents résultats.

_____

(1) Des conférences faites aux professeurs de la classe de huitième paraissent successivement toutes les semaines pendant l'année scolaire 1880-81.

Le succès déjà marqué du nouvel enseignement, malgré les difficultés de toutes sortes qu'il a nécessairement rencontrées cette année, fait augurer d'une réussite complète et certaine, lorsque les moyens matériels ne feront plus défaut nulle part.

Gaston BONNIER.

1er mars 1881.

ANIMAUX A OS
(VERTÉBRÉS)

CHAPITRE PREMIER.

CARACTÈRES QUI DISTINGUENT LES ANIMAUX A OS (VERTÉBRÉS).

1. Poule et écrevisse. — Animaux à os et animaux sans os. — Si nous découpons une poule, nous y trouvons des parties dures : ce sont les *os*. L'ensemble de ces os constitue une sorte de charpente qui soutient le corps et les membres de l'animal (fig. 1). C'est ce qu'on nomme le *squelette* de la poule.

Si nous coupons une écrevisse (fig. 2), nous ne trouvons pas d'os à l'intérieur; son corps est, au contraire, recouvert de parties dures à l'extérieur. Cet animal n'a pas de squelette intérieur.

La poule est un animal à os.

L'écrevisse est un animal sans os.

Si nous découpons un lapin, un morceau de mouton, une carpe, nous trouverons encore des parties dures à l'intérieur, des os.

Si nous coupons une huître, un colimaçon, un ver, nous n'en trouverons pas.

Nous allons nous occuper en premier lieu des *animaux à os*. Examinons d'abord quelques-uns de ces animaux en

Fig. 1. Ensemble des os de la poule (squelette), montrant la position qu'ils occupent dans l'intérieur du corps.

particulier, pour nous donner une première idée de leur organisation. Nous étudierons ensuite les diverses sortes d'animaux à os.

2. Poule et chat. Ressemblances extérieures qu'on peut trouver entre ces deux animaux. — Considé-

rons un chat et une poule. Nous savons qu'ils ont des
parties dures à l'intérieur : ce sont deux animaux à os.
Cherchons d'abord si nous pouvons observer entre ces
deux animaux, qui nous semblent si différents, quelques
caractères communs.

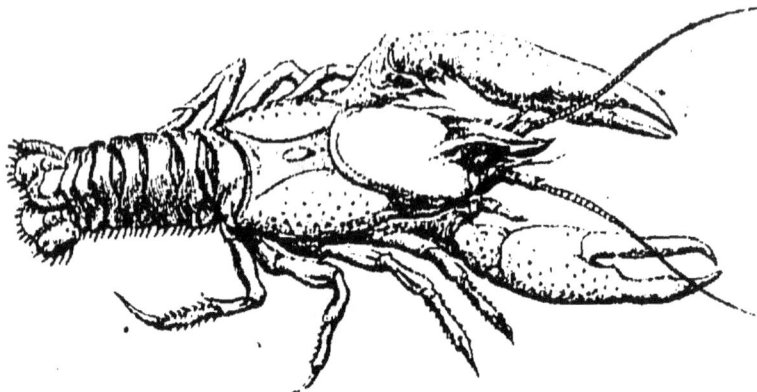

Fig. 2. Animal sans os. — L'écrevisse.

Pour chacun d'eux, nous pourrons distinguer un corps,
une tête, quatre membres : les quatre pattes chez le chat,
les deux ailes et les deux pattes chez la poule.

D'une manière générale, chez le chat, les différentes parties du corps sont semblables à droite et à gauche; si on le
suppose coupé en long par le milieu, on retrouve à droite
tout ce qu'on trouve à gauche. Considérons la poule;
supposons-la aussi coupée en long par le milieu; il en sera
de même : les différentes parties de l'animal sont semblables
à droite et à gauche. C'est là encore une ressemblance.

Examinons la tête du chat; on y remarque en avant deux
mâchoires, la mâchoire inférieure et la mâchoire supérieure.
Peuvent-elles se déplacer toutes les deux pour mâcher ?
Non; nous observons que c'est la mâchoire inférieure qui
est seule mobile (1). Nous trouvons aussi deux mâchoires

_____

(1) Lorsque le caractère dont on parle sera facile à remarquer chez
l'homme, comme celui-ci, par exemple, on pourra le faire observer
sur l'élève lui-même.

à la tête de la poule : ce sont les parties qui portent les deux lames du bec. Remarquons que c'est aussi la mâchoire inférieure seule qui se déplace pour écraser les graines. La partie supérieure du bec est fixée au reste de la tête comme la mâchoire supérieure du chat.

Les deux membres de devant diffèrent beaucoup, mais les autres offrent entre eux plusieurs ressemblances. Comparons les pattes de derrière chez le chat avec les pattes de la poule. Toutes deux sont formées de plusieurs pièces articulées. La patte de derrière du chat se divise à l'extrémité en quatre doigts; il en est de même de la patte de la poule, sauf que l'un des doigts est tourné en arrière.

3. Ressemblances qu'on peut trouver entre les os du chat et ceux de la poule. — Nous savons que le corps du chat et celui de la poule sont soutenus par des os. Voici tous ces os réunis dans ce squelette de chat, d'une part (fig. 4), dans ce squelette de poule (fig. 5), d'autre part.

Examinons maintenant à la fois ces deux squelettes (avec les deux figures 4 et 5 qui les représentent); nous allons trouver, en les comparant, un grand nombre de ressemblances.

4. Tête, vertèbres, côtes. — La tête du chat, comme celle de la poule, renferme des os réunis entre eux. En avant, vers les yeux et la bouche, ce sont les os de la *face* (f. fig 4 et 5); en arrière, ce sont les os du *crâne* (*cr.*) Nous pouvons remarquer aussi que la tête est supportée par une suite de pièces osseuses (*v.c*), dont la file se prolonge tout le long du dos jusqu'à l'extrémité de la queue (*v.d, v.l, v.q*).

Prenons l'un de ces os chez le chat; nous verrons qu'il est percé d'un trou au centre (fig. 3), et qu'il présente des prolongements à droite, à gauche et au-dessus; cet os se nomme une *vertèbre*. Prenons une vertèbre de la poule: nous y trouverons aussi un trou au centre et des prolongements.

Tous les animaux à os présentent comme ceux-ci

une suite de vertèbres dans leur squelette. C'est pourquoi on les appelle aussi des animaux à vertèbres ou *vertébrés*.

Chez la poule comme chez le chat, la tête repose sur une série de vertèbres: ce sont les vertèbres du cou (*v.c*).

Revenons au squelette de chat. Après les vertèbres du cou, nous en trouvons d'autres qui s'en distinguent parce qu'elles portent à droite et à gauche de longs os recourbés qui viennent se rejoindre sur la poitrine et qu'on nomme les *côtes* (*c*, fig. 4). Ces vertèbres qui soutiennent les côtes sont les *vertèbres du dos* (*v.d*).

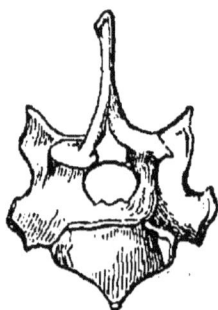

Fig. 3. Une vertèbre détachée et vue de face.

Ensuite nous trouvons, chez le chat, d'autres vertèbres qui ne portent plus de côtes; enfin la file de ces os se termine par les vertèbres de la queue (*v.q*).

Dans le squelette de la poule (fig. 5), on peut distinguer aussi les vertèbres du cou, les vertèbres du dos, qui portent les côtes, et les vertèbres de la queue.

5. Membres postérieurs : bassin, cuisse, jambe, pied. — Passons à l'étude des *membres*, et cherchons en quoi ils peuvent se ressembler.

Commençons par les membres postérieurs, c'est-à-dire, comparons les pattes de la poule avec les pattes de derrière du chat. Chez les deux animaux nous voyons que ces membres viennent s'attacher (en avant des vertèbres de la queue) à des os élargis qu'on appelle les *os du bassin* (*b.a*), à cause de leur forme creuse en dedans. Chez l'un comme chez l'autre animal, nous trouvons d'abord un os qui

s'articule avec le bassin : c'est l'os de la *cuisse* (*c.s*); puis
deux os dont l'un est beaucoup plus gros que l'autre,
surtout chez la poule : ce sont les *os de la jambe* (*j.*).
Ensuite les membres postérieurs se terminent par les *os du
pied* (dont l'un (*t.*) est très long chez la poule), et par
ceux des doigts.

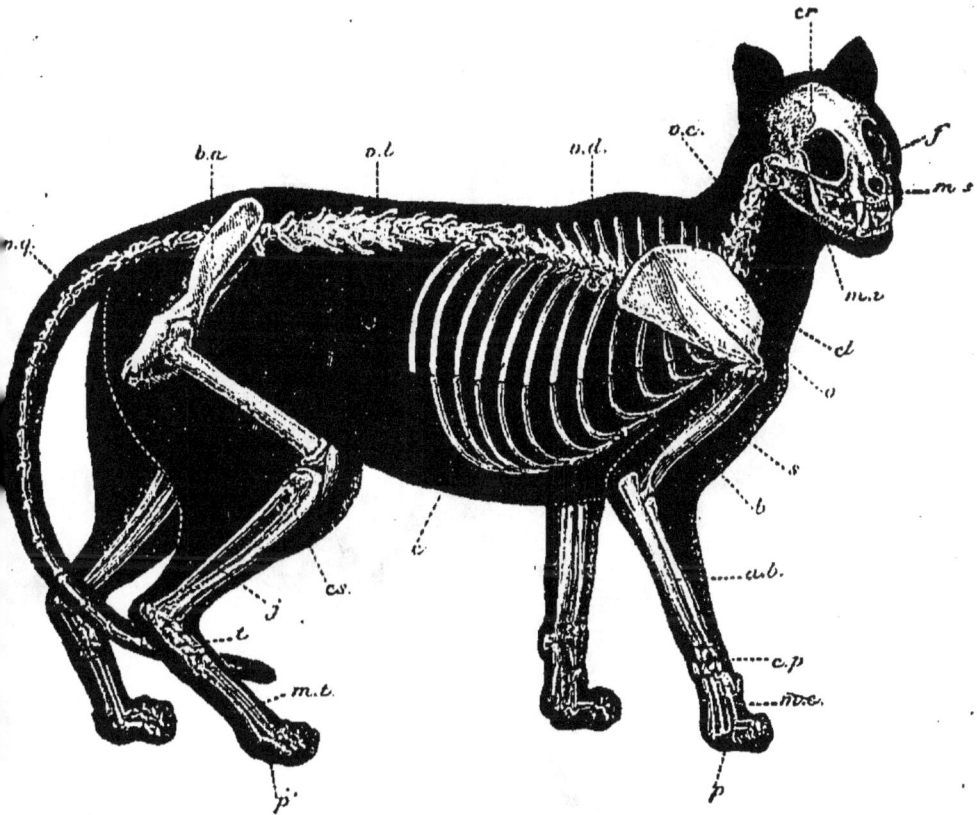

Fig. 1. Ensemble des os du chat, montrant la position qu'ils occupent
dans l'intérieur du corps.

c.r, crâne; *f*, face; *m.s*, mâchoire supérieure; *m.i*, mâchoire inférieure.—
v.c, *v.d*, *v.l*, *v.q*, vertèbres; *o*, os de l'épaule; *b*, bras; *a.b*, avant-bras;
c.p, *m.c*, *p*, main; *c*, côtes; *s*, os de la poitrine . — *b.a*, os du bassin;
c.s, cuisse; *j*, jambe; *t, m.t, p*, pied.

En somme, nous trouverons chez le chat et la poule les
os qui soutiennent le pied, la jambe, la cuisse, venant se
rattacher aux os du bassin.

6. Membres antérieurs : épaule, bras, avant-bras, main. — Faisons de même l'examen comparé des membres antérieurs.

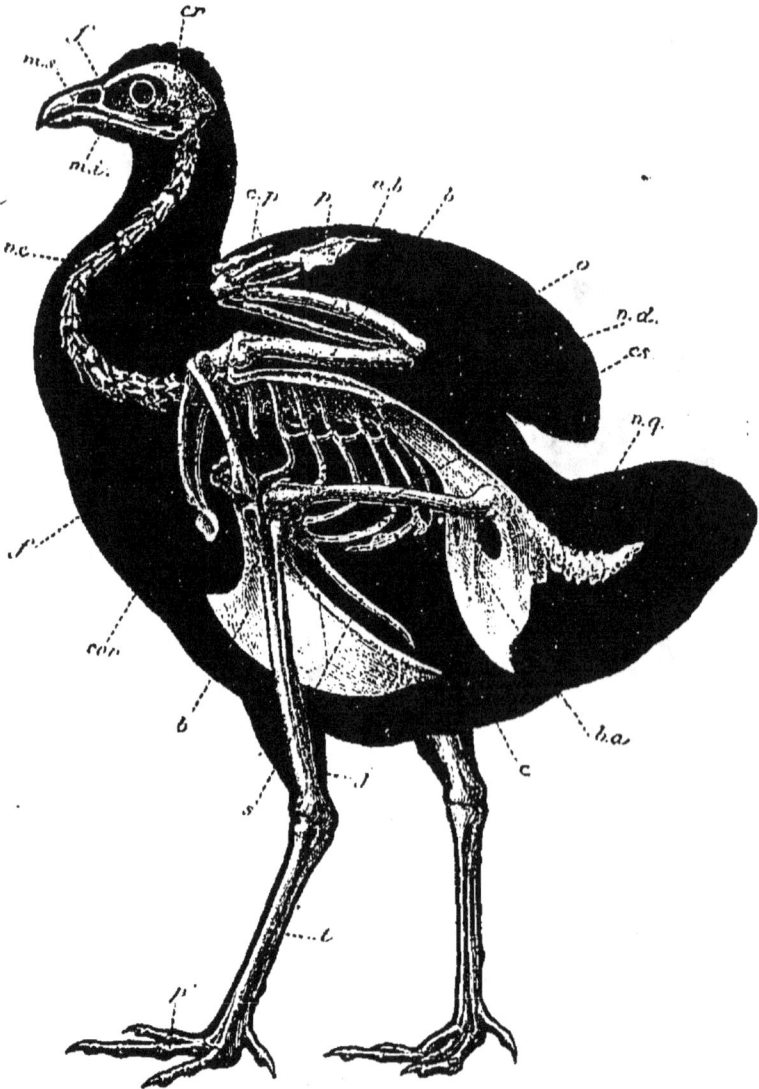

Fig. 5. Ensemble des os de la poule.

cr, crâne; *f*, face; *m.s*, mâchoire supérieure; *m.i*, mâchoire inférieure— *v.c*, *v.d*, *v.q*, vertèbres; — *o*, os de l'épaule; *b*, bras ; *a.b*, avant-bras; *c.p*, *p*, main — *c*, côtes; *s*, os de la poitrine ; *b.a*, os du bassin ; *c.s*, cuisse; *j*, jambe; *t,p*, pied.

Nous pouvons d'abord remarquer que les os des pattes

de devant chez le chat et les os de l'aile chez la poule
viennent s'insérer dans l'un et l'autre cas à la base du
cou et en avant des côtes, c'est-à-dire au point de sépa-
ration des vertèbres du cou et des vertèbres du dos. Là
se trouvent les *os de l'épaule* (o). Chez le chat, ce sont
deux lames en forme de triangles ; chez la poule
les os de l'épaule (o) sont situés plus en arrière et n'ont pas
la même forme ; ils sont plus allongés ; mais, en avant,
ils sont aussi placés à la jonction du cou et du dos.
Ces os, comme ceux de l'aile de la poule, sont tous très
connus ; on en remarque la forme lorsqu'on mange du
poulet.

Revenons au squelette du chat ; examinons une patte de
devant. Sur l'os de l'épaule, vient s'insérer un seul os allongé : c'est l'os *du bras* (b.). A la suite de celui-ci on trouve
deux os, l'un plus gros que l'autre : ce sont les *os de l'avant-
bras* (a.b.) ; ensuite viennent les parties osseuses qui soutiennent le poignet et les doigts de la main.

Cette disposition nous rappelle celle que nous avons
observée en examinant une patte de derrière.

Cherchons si nous pouvons reconnaître quelque chose
d'analogue, en étudiant l'os de l'aile de la poule.

Au premier abord, l'aile de la poule semble n'avoir aucun
rapport avec la patte de devant d'un chat. Cependant, en comparant les os de ces deux membres, nous pouvons observer
chez la poule, comme chez le chat : d'abord un seul os (b.) venant s'insérer sur l'épaule, puis deux os situés côte à
côte (a.b.). Ce sont les os du *bras* et de l'*avant-bras* ;
viennent ensuite les os du poignet et des doigts qui sont
ici beaucoup plus réduits, puisque la poule ne se
sert de sa main ni pour prendre ni pour marcher. On
peut dire que les ailes de la poule sont ses pattes de
devant.

En somme, nous trouvons, chez le chat et chez la poule,
des os de la main, de l'avant-bras et du bras, venant se rattacher aux os de l'épaule.

7. Résumé des ressemblances trouvées entre le

chat et la poule. — Animaux à os (vertébrés). — L'ensemble des ressemblances que nous venons d'observer nous donne déjà un aperçu de la conformation générale des *animaux à os* ou *vertébrés*.

Résumons donc les caractères semblables que nous avons trouvés en comparant le chat et la poule.

Chez ces deux animaux nous avons observé les parties suivantes :

La tête, qui présente : en avant, la *face* portant les yeux et les deux mâchoires; en arrière, le *crâne*.

Le cou, qui contient à l'intérieur une série d'os appelés les vertèbres du *cou*.

Le corps proprement dit est soutenu par la suite de cette série de vertèbres. Les vertèbres du *dos* portent les côtes; à l'extrémité postérieure du corps la série se termine par les vertèbres de la *queue*.

Les membres antérieurs s'attachent au corps par les *os de l'épaule* à la jonction du cou et du dos. On y distingue : le *bras* qui contient un seul os, *l'avant-bras* qui en contient deux, placés côte à côte, puis le poignet et la *main*.

Les membres postérieurs sont reliés au corps par les *os du bassin*. On y distingue la *cuisse* qui contient un seul os, la *jambe* qui en contient deux, puis le *pied*.

Le principal caractère de ces animaux est d'avoir des os à l'intérieur dont l'ensemble forme le squelette de l'animal. Ces squelettes présentent chacun une file d'os, les vertèbres, auxquels se rattachent tous les autres os.

C'est pour cela qu'on appelle *vertébrés* les animaux à os.

CHAPITRE II.

DIVERSES SORTES D'ANIMAUX A OS (VERTÉBRÉS) : ANIMAUX A POILS (MAMMIFÈRES).

8. Différences entre le chat et la poule; diverses sortes d'animaux à os. — Nous connaissons les ressemblances qu'on peut trouver entre le chat et la poule. Proposons-nous maintenant de chercher les différences qu'on observe entre eux. Ce sera plus facile.

Nous voyons d'abord que le chat est recouvert de *poils*, tandis que la poule est recouverte de *plumes*. Les poils sont simples, les plumes ont au milieu une partie allongée d'où partent, à droite et gauche, des barbelures nombreuses qui viennent s'étaler de manière à former une surface plate.

Nous pouvons nous demander si cette première différence ne serait pas en rapport avec la manière différente dont vivent ces deux animaux. Les plumes sont aplaties; elles sont développées sur les ailes de la poule, et peuvent offrir à l'air une large surface quand les ailes se développent. Quoique de grande dimension, les plumes sont très légères; le tube qui soutient les barbelures est creux à l'intérieur. Toutes ces dispositions concourent à faciliter le *vol*. Il n'en est pas de même des poils. Or, nous savons que la poule peut voler, tandis que le chat est seulement organisé pour marcher.

Nous pouvons le constater par une seconde différence extérieure. Le chat a les quatre membres disposés pour la marche; la poule a deux pattes et deux ailes.

Cherchons encore d'autres différences. Si nous ouvrons la bouche du chat, nous voyons qu'elle est munie à chaque mâchoire de dents nombreuses; le bec de la poule ne présente aucune dent.

Le chat a des oreilles extérieures. La poule n'a pas les oreilles aussi visibles (quoiqu'elle en ait cependant; on sait que les poules entendent bien quand on les appelle.)

Enfin, les petits chats sont *allaités* par les mamelles de leur mère, tandis que les poussins sortant de l'œuf prennent directement au dehors leur nourriture *sans être allaités.*

9. Animaux à poils (mammifères), et animaux à plumes (oiseaux). — En résumé : le chat est un animal recouvert de poils, dont les petits sont allaités.

La poule est un animal recouvert de plumes dont les petits ne sont pas allaités.

Le chien, le lapin, le mouton, le cheval sont aussi des animaux recouverts de poils; ils ressemblent plus au chat qu'à la poule.

Le corbeau, le moineau, l'hirondelle sont aussi des animaux recouverts de plumes; ils ressemblent plus à la poule qu'au chat.

Les premiers sont des *animaux à poils* ou *mammifères.*

Les seconds sont des *animaux à plumes* ou *oiseaux.*

Occupons-nous d'abord des premiers.

10. Le chat et le lapin. Ressemblances extérieures. — Pour nous donner une idée des caractères qui distinguent les *mammifères* ou *animaux à poils*, faisons maintenant la comparaison du chat que nous connaissons déjà, et d'un autre animal à poils, le lapin.

Proposons-nous de chercher les ressemblances que nous pourrons trouver entre ces deux animaux; nous allons voir qu'elles sont beaucoup plus grandes que celles que nous avons trouvées entre le chat et la poule.

Commençons par les ressemblances extérieures.

Le chat et le lapin ont tous deux la peau recouverte de poils qui leur font une fourrure pour les protéger contre le froid.

Examinons les membres : ils sont, tous les quatre, disposés

pour poser sur le sol, chez le chat comme chez le lapin. Les pattes de devant ont cinq doigts, les pattes de derrière en ont quatre.

Regardons la tête de ces deux animaux: le lapin présente des mâchoires garnies de dents, comme celles du chat, et non un bec comme la poule. Tous deux ont des oreilles visibles à l'extérieur, très longues chez le lapin, plus courtes chez le chat.

Les petits lapins sont, comme les petits chats, allaités par leur mère.

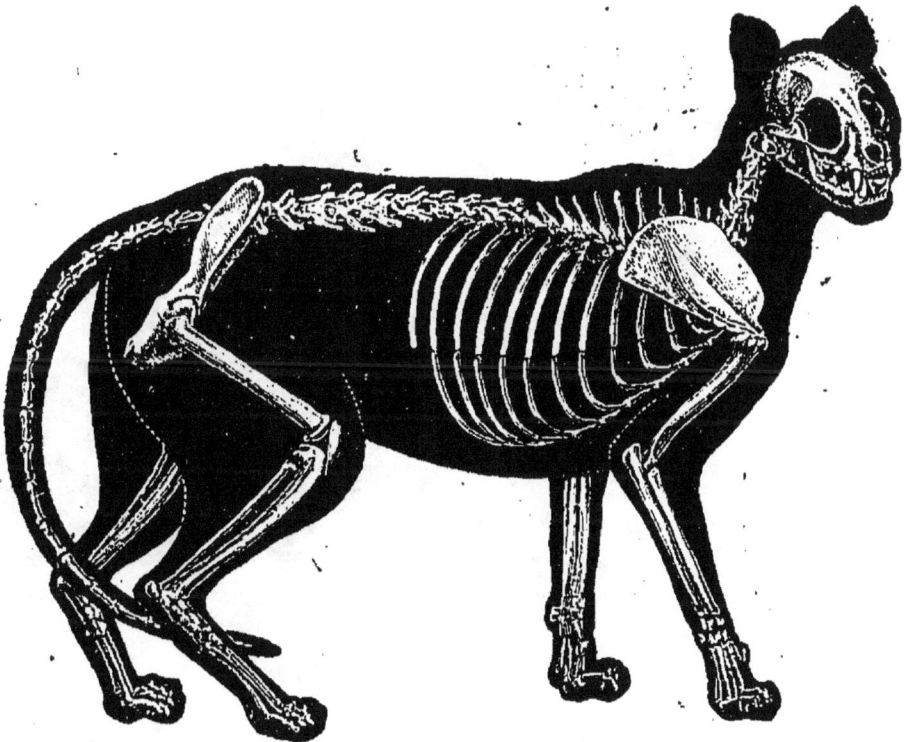

Fig. 6. Ensemble des os du chat.

Nous pouvons déjà conclure de ce premier examen que le lapin ressemble beaucoup plus au chat qu'à la poule. En examinant la disposition des os nous trouvons des ressemblances encore plus frappantes.

11. Ressemblances entre les os du chat et ceux du lapin. — Plaçons donc à côté l'un de l'autre les squelettes de ces deux animaux pour les étudier ensemble (fig. 6 et 7).

La tête est soutenue, chez le lapin comme chez le chat, par sept vertèbres du cou, tandis qu'il y en a un plus grand nombre chez la poule (fig. 5) dont le cou est plus mobile et plus allongé.

Regardons les os de l'épaule: ils ont à peu près la même forme en triangle; les pattes antérieures sont disposées de même chez le chat et chez le lapin; leurs os n'ont pas la forme de ceux qui soutiennent l'aile de la poule.

Fig. 7. Ensemble des os du lapin.

Les vertèbres du dos ont, chez le lapin comme chez le chat, de longues pointes que l'on sent très bien sur l'animal vivant, lorsqu'on le caresse; il n'en est pas de même chez la poule (fig. 5).

Les côtes sont réunies en avant, sur la poitrine, par un os long et mince, chez le chat et chez le lapin, tandis que cet os est développé chez la poule en une lame énorme (b., à gauche vers le bas, fig. 5) qui sert de point d'attache aux masses charnues qui font mouvoir les ailes.

Les os du bassin et les membres postérieurs ont aussi une disposition tout à fait analogue et qui s'éloigne de celle que présentent les pattes de la poule.

12. Résumé des principales ressemblances obser-vées entre le chat et le lapin. — Animaux à poils (mammifères). — Les ressemblances les plus importantes entre le chat et le lapin sont les suivantes :

La peau est recouverte de *poils*.

La tête présente des mâchoires garnies de dents. Elle est soutenue par sept vertèbres du cou.

Les os de l'épaule sont larges, en forme de triangle ; l'os de la poitrine est mince, sans lame saillante.

Les petits sont *allaités*.

Les animaux qui présentent la plupart de ces ressem-blances avec le chat et le lapin, et qui sont beaucoup plus analogues à eux qu'à la poule, sont nommés, comme nous l'avons dit, *animaux à poils* ou *mammifères*.

Tels sont : le chien, le mouton, le cheval, le rat, etc.

CHAPITRE III.

DIVERS ANIMAUX A POILS (MAMMIFÈRES).

13. Ours. — Marcheurs. — Le chat, comme on le voit sur la figure 4, ne pose pas sur le sol toute la longueur de ses doigts; ses pattes ne reposent que sur l'extrémité des doigts. Nous pourrions faire la même observation si nous regardions les pattes d'un chien.

Si nous considérons maintenant celles d'un ours, qui est aussi un animal à poils ou mammifère, nous pouvons remarquer qu'il n'en est pas de même. L'ours (fig. 8) pose

Fig. 8. Pied d'ours.

ses doigts en entier sur le sol. Il marche avec ses quatre pattes comme l'homme marche sur ses pieds.

Cette disposition différente de l'extrémité des membres chez le chat et chez l'ours, explique les différences qu'on observe dans l'allure de ces deux animaux.

Le chat, qui ne pose sur la terre que l'extrémité des doigts, marche avec une grande légèreté; il peut bondir rapidement et se précipiter sur sa proie. L'ours, qui pose ses doigts entièrement à terre, a au contraire une démarche lourde, les mouvements habituellement lents.

L'ours est un animal qui se déplace d'ordinaire en faisant agir ses quatre membres, qu'il pose simplement sur le sol: c'est un animal *marcheur*.

14. Lapin, écureuil. — Sauteurs. — Examinons maintenant comment se déplace le lapin; ce n'est pas en marchant, c'est en sautant, par bonds successifs.

Regardons ses pattes (fig. 7). Il pose comme l'ours l'extrémité de ses membres postérieurs; il met, en effet, les deux pieds de derrière tout à fait sur le sol, tandis qu'il marche comme le chat avec les membres antérieurs, car nous voyons qu'il ne pose à terre que le bout des doigts de ses pattes de devant. En outre, nous pouvons remarquer que ce lapin a ses pattes de derrière plus repliées, plus développées que ses pattes de devant, tandis que, chez l'ours, les quatre pattes sont à peu près égales.

Fig. 9. Écureuil.

Nous nous expliquons maintenant pourquoi le lapin se déplace en sautant et sans se servir autant de ses membres antérieurs que de ses membres postérieurs. Il en est de même du lièvre; il court aussi en sautant (fig. 10).

L'écureuil (fig. 9) présente la même disposition. Lorsqu'on regarde un écureuil à terre, dans un bois, on le voit s'avancer par sauts. Ses griffes sont plus développées que celles du lapin, parce qu'elles lui servent à s'accrocher aux branches pour grimper sur les arbres.

Le lapin, l'écureuil, le lièvre (fig. 10) ne marchent donc pas, à proprement parler : ce sont des animaux *sauteurs;* l'écureuil peut être en outre *grimpeur*, comme le chat, du reste.

Fig. 10. Lièvre

15. Cerf, cheval. — Coureurs. — Le cheval ne saute pas comme le lapin ou l'écureuil; aussi ses pattes de devant et ses pattes de derrière sont à peu près égales, comme celles de l'ours. Mais le cheval peut avoir pendant un temps très long une démarche plus rapide que l'ours et même que le chat; aussi ses membres sont minces et allongés par rapport au reste du corps. Si nous examinons les os qui soutiennent une patte de cheval, nous voyons qu'il n'y a plus qu'un doigt à l'extrémité. Le chat peut saisir un objet avec ses pattes, le cheval ne le peut pas.

A l'extrémité d'un pied de cheval, au lieu des griffes pointues qu'on observe chez les animaux précédents et qui permettaient à quelques-uns de grimper sur les arbres, nous apercevons un ongle énorme qui fait tout le tour du doigt et qui vient s'aplatir en dessous: c'est le sabot du cheval. Cette disposition est favorable à la course; elle assure un solide point d'appui aux membres mêmes du cheval, qui ne posent que sur un seul doigt.

En examinant un cerf (fig. 11), nous observons aussi des membres minces et allongés qui donnent à cet animal une grande légèreté. Chez le cerf il y a deux doigts à chaque patte; ils sont aussi terminés par des sabots.

Le cheval et le cerf sont des animaux conformés pour la course, ce sont des animaux *coureurs*.

Fig. 11. Cerf.

16. Chauve-souris. — Mammifères volants. —

On sait que lorsque le soleil vient de se coucher, on voit souvent les chauves-souris voler en poursuivant les insectes dont elles font leur principale nourriture. Observons un de ces animaux: au premier abord, il diffère totalement de tous les animaux que nous venons de voir.

Dans la comparaison que nous avons faite du chat et de la poule, nous avons signalé parmi les différences celle qui résulte de la manière de se déplacer. La poule peut voler; le chat a ses quatre membres disposés pour marcher.

Lachauve-souris est-elle donc un oiseau comme la poule ?

Pour répondre à cette question, examinons d'un peu près ses différents caractères et voyons s'ils ressemblent plus à ceux du chat qu'à ceux de la poule.

Tout d'abord, les chauves-souris sont recouvertes de poils et non de plumes. Dans les creux de rochers ou dans les bâtiments en ruine où elles habitent, on ne trouve jamais d'œufs comme dans les nids des oiseaux. Les petits comme ceux du chat, sont allaités par leur mère.

Si nous regardons les mâchoires, nous y observons des dents et non les deux pièces d'un bec. Nous pourrions, de même, trouver dans les parties principales du squelette (fig. 12) diverses particularités que nous avons remarquées

Fig. 12. Squelette de chauve-souris.

chez le chat. Ainsi, comptons les vertèbres du cou, nous en trouverons sept et non pas un plus grand nombre comme chez la poule.

De l'étude que nous venons de faire, il résulte que la chauve-souris n'est pas un oiseau, c'est un animal à poils, disposé pour voler : un mammifère *volant.*

Nous pouvons nous demander maintenant comment les organes de cet animal sont modifiés de façon à lui permettre de s'élever dans l'air.

Nous remarquons d'abord que chez cette chauve-souris les membres antérieurs sont de beaucoup les plus grands, tandis que les membres postérieurs sont réduits; c'était le contraire chez le lapin. Nous pouvons comprendre l'utilité de cette disposition, car les chauves-souris volent en agitant leurs membres de devant; et leurs pattes de derrière ne leur servent presque jamais pour marcher.

Mais continuons nos observations : chaque aile est soutenue par des os allongés, disposés en quatre séries (fig. 12) et présente un crochet terminé par une griffe. Ces os des doigs aboutissent à l'extrémité de l'avant-bras; les chauves-souris peuvent développer cette membrane pour voler, ou la refermer lorsqu'elles sont au repos, pour protéger leurs petits par exemple.

Fig. 13. Taupinière creusée dans le sol; taupe dans une des galeries.

Pour s'élever en l'air, l'animal déploie les membranes qui relient les longs doigts de ses deux mains et les agite rapidement l'une après l'autre contre l'air dont la résistance le soutient au-dessus du sol.

17. Taupe. — Fouisseurs. — Lorsqu'on traverse une

prairie, on voit souvent de petits monticules faits avec de la terre fraîchement remuée. Cette terre a été rejetée à la surface de la prairie par un animal qui creuse dans le sol des galeries souterraines pour chercher des insectes : c'est la taupe (fig. 13).

La taupe a, comme tous les animaux dont nous avons parlé, la peau recouverte de poils : c'est encore un mammifère.

Nous trouverons aussi, en examinant ses membres, une grande disproportion entre les pattes de derrière et celles de devant. Mais, ici, les membres antérieurs, plus développés, ne sont pas disposés comme chez la chauve-souris pour voler ; ils sont organisés de manière à permettre à la taupe de creuser rapidement ses galeries.

Considérons d'abord, à l'extérieur, la main et le pied (fig. 14) ; nous voyons que la première à droite de la figure

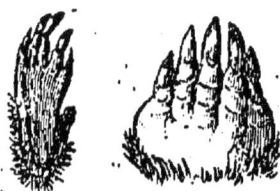

Fig. 14. Pied de taupe (à gauche de la figure) et main de taupe (à droite de la figure).

est très large et vigoureuse : elle est tranchante à son bord inférieur ; les griffes qui terminent les doigts sont fortes et coupantes, ce qui permet à la taupe d'entailler la terre, tandis que le pied est étroit et a les griffes moins fortes.

En examinant le squelette, nous verrons encore qu'il existe de grandes différences entre les pattes de devant et celles de derrière. L'avant-bras et plus encore le bras sont courts, aplatis, robustes ; les os de l'épaule forment deux barres d'appui qui soutiennent très solidement les pattes de devant, tournées en dehors ; elles servent à la taupe pour rejeter à droite et à gauche la terre qu'elle enlève.

Les pattes de derrière, relativement très faibles, sont disposées seulement pour la marche. C'est en effet avec ses bras que la taupe creuse ses galeries, tandis que les membres postérieurs ne servent qu'à pousser en avant le corps de l'animal. Nous nous expliquons ainsi les différences observées, car les membres de devant doivent déployer une bien plus grande force que les autres.

Sa tête allongée (fig. 15), dont le museau pointu est muni à l'extrémité d'une partie dure, sert à la taupe pour commencer à percer la terre.

Ajoutons que la taupe a seulement la trace des yeux; elle est aveugle; vivant toujours dans l'obscurité, ses yeux lui seraient, du reste, tout à fait inutiles. En revanche, elle a l'ouïe très fine.

La taupe est donc un animal disposé pour creuser le sol;

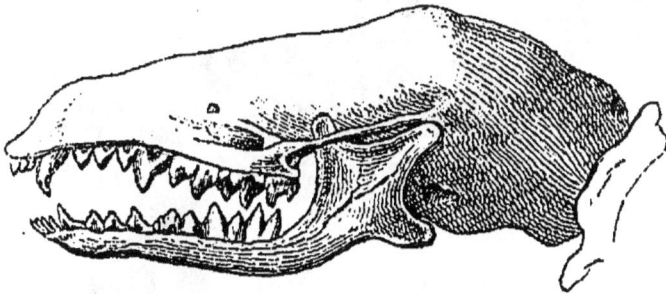

Fig. 15. Taupe; les os de la tête.

la forme de ses membres et de sa tête indique qu'elle est organisée pour fouir : c'est un mammifère *fouisseur*.

De même que la chauve-souris se déplace très difficilement, à moins qu'elle ne vole, la taupe semble fort gênée pour marcher lorsqu'on la pose à la surface d'un champ ou sur une table. Tandis que sous le sol elle avance rapidement dans ses galeries, grâce à ses pattes de devant qui entrent dans les parois et l'aident à se déplacer, une fois sortie de dessous terre, elle se meut péniblement.

18. Loutre, phoque, dauphin, baleine.—Nageurs.

— Les loutres (fig. 16) sont des animaux qui vivent sur le bord des étangs ou des rivières, et qui se nourrissent de poissons.

Regardons les pattes d'une loutre (fig. 17) : nous voyons que les doigts sont réunis entre eux par une membrane; ce sont des pattes qu'on appelle *palmées*. Aucun des animaux

que nous venons d'étudier, n'avait les pattes ainsi disposées. Cette organisation des extrémités est évidemment en
rapport avec la natation. En effet, les pattes de la loutre lui

Fig. 16. Loutre.

servent pour nager; les doigts ainsi réunis offrent une
plus grande surface à la résistance de l'eau. Les mains et les
pieds sont aplatis et font l'office des rames d'une barque.

Fig. 17. Patte palmée de loutre disposée pour ramer dans l'eau.

Les poils qui recouvrent la loutre sont fins et nombreux, sa fourrure est épaisse.

Si nous observons cet animal, lorsqu'il marche sur le sol, il n'a pas une allure rapide; mais, dans l'eau, nous le verrons nager et plonger à la recherche du poisson, avec une extrême agilité. Il est surtout disposé pour la nage.

Il existe d'autres mammifères encore plus visiblement organisés pour nager : tel est le phoque (fig. 18), qui habite

Fig. 18. Phoque, montrant les membres disposés en nageoires.

les régions froides, sur les bords des mers polaires et dont les quatre membres et la queue ont une forme qui favorise la natation.

En outre, tout son corps est allongé et sa forme générale ressemble un peu à celle des poissons.

Lorsque le phoque est sur le sol, il marche péniblement avec ses pattes de devant en traînant à terre son corps et ses membres antérieurs.

D'autres animaux, telsque le dauphin (voy. plus loin fig. 78), la baleine (fig. 19), vivent complètement dans la mer et sont uniquement disposés pour la nage; ils ne peuvent pas marcher même en se traînant sur le sol comme le phoque. Ils ressemblent tout à fait à des

poissons; leur peau est épaisse et dépourvue de poils (1);
nous les étudierons seulement lorsque nous les com-
parerons aux poissons. Dès maintenant nous pouvons
cependant remarquer que leur queue est élargie en travers, tandis que celle des poissons est aplatie dans le
sens de la hauteur; en outre, les petits dauphins et les
petits baleineaux sont allaités par leur mère, tandis que

Fig. 19. Baleine.

les poissons pondent des œufs qui se développent tout
seuls, et n'allaitent jamais leurs petits.

Ce sont des mammifères et non des poissons.

La loutre, le dauphin, la baleine sont des mammifères
nageurs.

19. Rat, hérisson.— Nocturnes.— Nous venons de
voir les diverses manières dont un certain nombre d'ani-

_____

(1) Cependant, lorsqu'ils sont très jeunes, ils présentent quelques poils
près de la bouche.

maux se déplacent sur la terre, dans l'air ou dans l'eau ; mais nous savons qu'il y a des moments où ces animaux restent immobiles pendant un assez long temps : ils *dorment.*

La plupart d'entre eux dorment la nuit, et sont éveillés pendant le jour ; mais il en est qui, au contraire, se déplacent pendant la nuit pour aller à

Fig. 20. Hérisson.

la recherche de leur nourriture, et se reposent pendant la journée.

C'est ainsi que le chat sauvage chasse les oiseaux pendant la nuit ; c'est ainsi que les hérissons (fig. 20) commencent à poursuivre les insectes à partir du crépuscule.

Fig. 21. Rat (1).

mencent à poursuivre les insectes à partir du crépuscule. Le rat (fig. 21), qui se nourrit de beaucoup de substances

---

1) En grandeur naturelle, le rat est moins grand que le hérisson.

variées, s'en va aussi à leur recherche pendant la nuit.

On dit que ces animaux, tels que le chat sauvage, le hérisson, le rat, le loup, le renard, sont des animaux *nocturnes*.

En général, leur fourrure (1) est bien garnie ; elle les protège contre le froid lorsqu'ils sont pendant la nuit hors de leurs repaires. C'est là, du reste, nous pouvons le remarquer, le rôle des poils chez les animaux mammifères. Ils forment sur la peau une sorte de couverture naturelle qui protège l'animal contre les variations du chaud ou du froid extérieurs. On sait, en effet, combien les poils laissent difficilement passer la chaleur. Une couverture de laine, qui est faite avec des poils de mouton, est excellente pour se garantir du froid.

Mais à quoi servirait une fourrure épaisse chez les animaux qui sont toujours dans les eaux de la mer ? Nous avons vu que, chez le dauphin, la baleine, l'utilité des poils ayant disparu, on n'en trouve plus sur la peau de ces animaux.

20. Marmotte, loir. — Dormeurs. — Certains animaux restent sans mouvement pendant un temps très long. On connaît la marmotte, qui se laisse facilement apprivoiser. Cet animal (fig. 22), à peu près de la taille d'un lapin, se rencontre dans les Alpes, près des glaciers.

Dans ces régions, que la marmotte habite toute l'année, l'hiver est très long, et, pendant cette saison, le sol est recouvert d'une épaisse couche de neige. Pour passer ce temps de l'année où elles ne pourraient récolter de quoi se nourrir, les marmottes font une provision de mousses et d'herbes qu'elles font sécher. Elles portent ensuite ce foin dans leurs tanières souterraines pour en tapisser les parois ; puis, de l'intérieur, elles ferment l'ouverture, et

_____

(1) C'est-à-dire l'ensemble de leurs poils.

s'endorment d'une manière presque continue pendant cinq à six mois.

Pendant ce sommeil, la vie n'est pas complètement suspendue; on peut constater que la marmotte respire toujours un peu. En outre, on observe qu'au printemps, lorsqu'elle se réveille, elle est beaucoup plus maigre qu'à

Fig. 22. Marmotte des Alpes.

l'automne quand elle s'endort; elle a digéré la graisse qui était en provision à l'intérieur de son corps; on peut dire qu'elle s'est nourrie intérieurement.

Pour la protéger contre les froids prolongés, on comprend que les poils doivent être très développés. La marmotte a, en effet, une fourrure épaisse.

Les loirs, qui sont très connus pour les dégâts qu'ils causent dans les vergers où ils viennent manger les fruits, sont aussi des animaux qui s'endorment pendant l'hiver en se roulant en boule au fond de leur terrier, pour passer la mauvaise saison. Mais ils dorment pendant moins longtemps que les marmottes, car ils n'habitent pas des contrées où l'hiver soit aussi long. De plus, leur sommeil est moins complet; le loir, à la fin de l'automne, s'endort à côté des provisions (noix, amandes, noisettes, etc.), qu'il a accumulées; quand la température s'adoucit pendant l'hiver, il peut se réveiller et se mettre alors à manger.

L'ours, dont nous avons parlé à propos de sa manière de marcher, habite comme la marmotte des régions froides ; comme elle, il s'endort pendant l'hiver ; comme la marmotte aussi, il est très gras lorsqu'il commence son long sommeil, et très amaigri lorsqu'il se réveille au printemps.

Le loir et l'ours ont d'épaisses fourrures qui les protègent contre le froid pendant leur sommeil.

Ces animaux, qui ont ainsi la singulière propriété de s'endormir pendant la saison froide, peuvent être appelés des *dormeurs*.

21. Résumé. — Nous venons d'étudier un certain nombre d'animaux caractérisés par l'allaitement de leurs petits et par les poils qui recouvrent ordinairement leur peau.

Nous avons vu que ces animaux, appelés *animaux mammifères,* se déplacent de façons très différentes, et nous avons observé que la forme des diverses parties de leurs corps est en rapport avec leur manière de vivre.

Les *marcheurs,* comme l'ours, ont les quatre membres à peu près égaux, tandis que les *sauteurs,* comme le lapin ou le lièvre , ont les membres postérieurs plus développés que les pattes de devant ; les mammifères *volants,* comme la chauve-souris, ont, au contraire, les pattes de devant plus grandes, et leurs doigts se sont considérablement allongés pour soutenir la membrane qui forme l'aile.

Les *coureurs,* comme le cerf et le cheval, ont les quatre pattes à peu près égales, fines, légères, allongées ; elles sont terminées par des sabots et non par des griffes.

La taupe est un *fouisseur* qui creuse des galeries et se déplace dans la terre avec ses pattes de devant, beaucoup plus larges et vigoureuses que les pieds de derrière.

Les animaux *nageurs,* comme la loutre et le phoque, ont les pattes en forme de rames.

Les divers animaux dorment ordinairement pendant la

2.

nuit; nous avons vu qu'il en est, comme le chat sauvage, le hérisson, le rat, qui dorment au contraire le jour, et vont chercher leur nourriture pendant la nuit; on dit que ce sont des animaux *nocturnes*.

Certains mammifères peuvent rester très longtemps sans faire aucun mouvement ; ils s'endorment pendant toute la saison d'hiver, ils sont *dormeurs* ; tels sont la marmotte, le loir, l'ours.

Les mammifères sont ordinairement recouverts de nombreux poils qui les protègent contre les variations de la température extérieure; les animaux nocturnes et les animaux dormeurs ont une épaisse fourrure de poils. Au contraire, certains mammifères nageurs, à forme de poisson, comme la baleine et le dauphin, qui vivent toujours au milieu des eaux de la mer, n'ont pas de poils sur la peau.

CHAPITRE IV.

DIFFÉRENTES MANIÈRES DONT MANGENT LES MAMMIFÈRES.

22. Manière dont mange le chat. Dents. — Passons maintenant à un autre genre d'études, au sujet des animaux mammifères. Nous avons vu comment ils se déplacent, comment leur corps est disposé pour cela. Nous pouvons nous demander de quelle manière ils mangent.

Nous savons que ces divers animaux ne prennent pas la même nourriture : les uns mangent de l'herbe, d'autres des grains ; il en est qui se nourrissent d'insectes, d'oiseaux, de poissons ou qui dévorent d'autres animaux à poils. Cherchons si nous ne trouverons pas diverses dispositions correspondant à ces nourritures différentes.

Examinons d'abord le chat.

Que mange-t-il ordinairement ?

De la viande, des oiseaux ou du poisson, en général de la chair d'animaux ; le chat sauvage n'a pas d'autre nourriture.

Avec quoi le chat mâche-t-il la chair avant de l'avaler ? Avec les *dents*, nous le savons. Ces dents sont fixées sur les mâchoires, qui sont deux os dont nous avons déjà parlé. Nous savons aussi que, de même que chez l'homme, la mâchoire supérieure du chat est fixe, tandis que l'inférieure seule est mobile.

Prenons les os qui sont dans une tête de chat (fig. 23), et observons-en les diverses parties, au point de vue qui nous occupe.

En portant notre attention sur les dents, nous remarquons tout d'abord qu'elles sont toutes très pointues, beaucoup plus pointues que celles de l'homme.

Le chat, qui mange ordinairement avec rapidité des morceaux de chair molle ou qui casse des os et des arêtes, ne broie pas longtemps la nourriture, comme fait l'homme, entre les dents qui sont situées au fond de ses mâchoires.

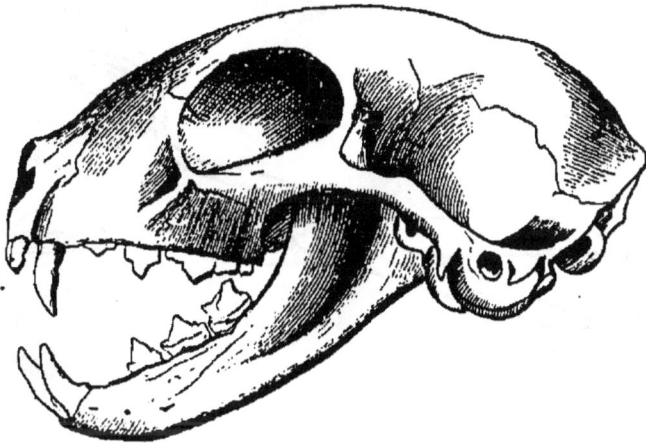

Fig. 23. Os de la tête du chat.

Dès lors, il n'est pas nécessaire que ces dents, situées au fond des mâchoires, soient aplaties à leur surface comme celles de l'homme. Chez le chat, nous le voyons, elles sont munies de pointes tranchantes, et servent à déchirer ou à couper la chair.

23. Mâchoires du chat. — Leur disposition pour couper. — On sait que chez l'homme la mâchoire inférieure peut se mouvoir de bas en haut pour mâcher. Essayons de voir si notre mâchoire peut se mouvoir en travers, de gauche à droite ou de droite à gauche ; nous nous apercevons que ce mouvement est possible, bien qu'il soit moins prononcé que l'autre. Ce mouvement en travers de la mâchoire qui s'ajoute au mouvement de bas en haut, nous sert à broyer les aliments.

Mais le chat brise, coupe et déchire sa proie sans la broyer. Aura-t-il besoin de ce mouvement en travers de la mâchoire? Évidemment non. Ce déplacement n'est pas possible. Sa mâchoire inférieure ne peut se mouvoir que d'une seule manière, de bas en haut; il coupe ainsi la chair avec ses dents.

On peut très bien représenter ce mouvement avec une paire de ciseaux (fig. 24). Prenons l'une des lames et mainte-

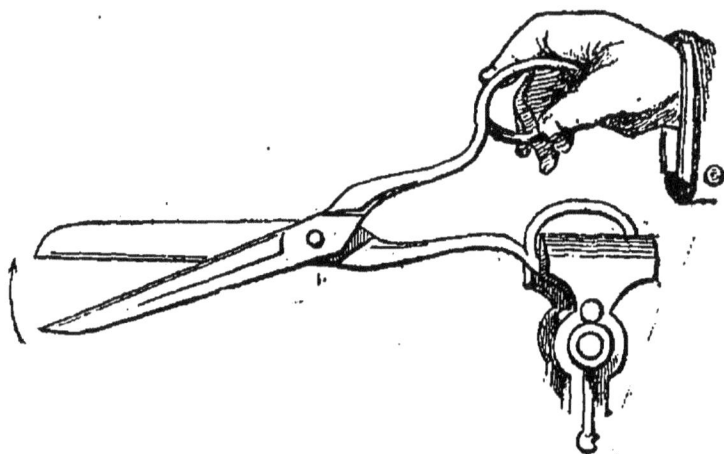

Fig. 24. Figure représentant la manière dont mange le chat.
La lame de la branche, serrée dans un étau, représente la mâchoire supérieure; celle de la branche qu'on tient à la main représente la mâchoire inférieure.

nons-la fixe; elle représentera la mâchoire supérieure qui est toujours immobile; l'autre lame qui peut se déplacer par rapport à la premièrc, représentera la mâchoire inférieure mobile du chat; elle peut se déplacer de haut en bas, aucun mouvement de côté n'est possible.

Qu'arrivera-t-il si l'on parvient à faire accepter un morceau de croûte de pain à un chat qui a très faim? Il ne peut l'avaler comme un morceau de chair molle. Regardons de nouveau ses dents (fig. 23). Nous voyons que les moins pointues sont les dernières de celles qui sont tout au fond de ses mâchoires.

Aussi voit-on alors l'animal s'efforcer péniblement, par

des mouvements de tête répétés, de venir placer le morceau de pain tout au fond de la mâchoire où il essaye de le broyer.

24. Résumé des caractères qui font reconnaître que le chat mange de la chair. — Carnivores. — Le chat a toutes les dents aiguës, pointues ou tranchantes. Sa mâchoire inférieure se déplace seulement de haut en bas pour couper la chair.

Ce sont là les caractères généraux qui permettent de reconnaître les animaux mangeurs de chair ou *carnivores*.

Fig. 25. Renard.

Parmi les mammifères que nous avons cités dans le chapitre précédent : le renard (fig. 25), le loup (fig. 26), la loutre sont, comme le chat, des animaux carnivores.

25. Manière dont mange l'écureuil. — Dents. — Répétons avec la tête de l'écureuil l'étude que nous venons de faire.

L'écureuil (fig. 9) mange-t-il de la viande comme le chat?

Ordinairement il mange des graines très dures ou ronge l'écorce des arbres. Dans les bois de pins, on voit souvent des pommes de pin qui ont été épluchées par les écureuils. Ils ont enlevé toutes les écailles avec leurs dents pour atteindre les graines et les manger en même temps qu'une partie des écailles.

Le chat ne pourrait pas ronger ainsi des écailles de bois. Le chat ne ronge pas, l'écureuil ronge. C'est là une première différence.

Les dents et les mâchoires de l'écureuil, d'après ce que

Fig. 26. Loup.

nous savons déjà, doivent donc certainement être organisées d'une autre manière que les dents et les mâchoires du chat.

Pour ronger le bois ou les substances dures, devons-nous penser que les dents qui sont au fond de la mâchoire chez l'écureuil, seront pointues et coupantes comme celles du chat? Elles sont, au contraire, aplaties (fig. 27), mais munies, à leur surface, de petits bourrelets en travers comme sur une lime. En avant, nous voyons d'énormes dents très robustes, taillées en coin : il y en a deux en haut, deux en bas ; elles servent à l'écureuil pour entamer les parties dures et pour les réduire en morceaux qui sont ensuite pulvérisés et limés par les autres dents (1).

_____

(1) Ces dents de devant ont une particularité remarquable. A cause du travail considérable auquel elles sont employées par l'écureuil pour atta-

26. Mâchoires de l'écureuil, leur disposition pour ronger. — Nous venons de voir que l'écureuil se sert de ses dents comme d'une lime pour ronger. Comment se sert-on d'une lime pour limer un morceau de bois?

Ce n'est pas en abaissant ou en élevant la lime pour en frapper le morceau, ce n'est pas non plus en faisant aller la lime en travers de gauche à droite, puis de droite à gauche. Pour se servir de la lime, on la frotte contre le morceau de bois en la faisant aller dans le sens de la longueur et non en travers (fig. 28).

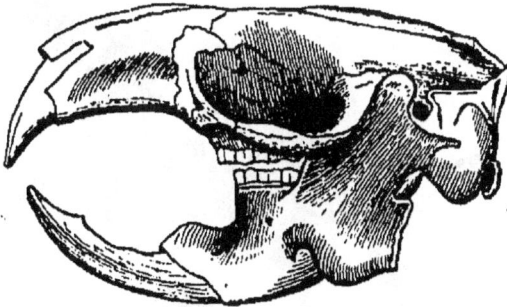

Fig. 27. Os de la tête d'un rongeur.

Comment devons-nous penser alors que l'écureuil déplace sa mâchoire inférieure par rapport à l'autre?

Est-ce en la baissant et en la levant comme celle du chat? Non, l'écureuil ne peut pas faire ce mouvement.

Est-ce en la déplaçant en travers, de droite à gauche? L'écureuil ne produit pas ce mouvement non plus.

Il déplace sa mâchoire inférieure (fig. 27) d'avant en arrière et d'arrière en avant, dans le sens de sa plus grande lon-

---

quer les substances résistantes, elles s'usent beaucoup en frottant contre ces substances et l'une contre l'autre; aussi ces dents, au lieu de s'arrêter dans leur croissance, poussent continuellement par le bas à mesure qu'elles s'usent à la partie supérieure. De telle façon que si l'une d'elles vient à être cassée par suite d'un accident, la dent qui est en face continue à pousser et, ne rencontrant plus d'obstacle, s'allonge toujours jusqu'à entrer dans les chairs de l'autre mâchoire, et peut ainsi quelquefois tuer l'animal en l'empêchant de manger.

gueur, de même que nous avons déplacé la lime contre le morceau de bois.

C'est ainsi qu'il peut ronger le bois et les graines.

27. Résumé des caractères qui font reconnaître que l'écureuil ronge. — Rongeurs. — Il existe au fond de la mâchoire des dents aplaties et qui présentent à leur surface des bourrelets en travers, séparés par des rainures. En avant de la bouche sont quatre dents très

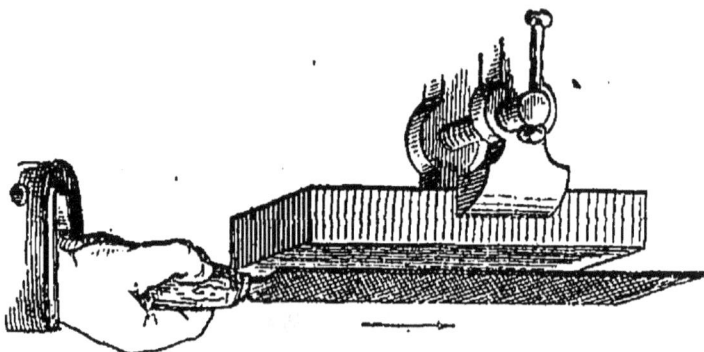

Fig. 28. Figure représentant la manière dont ronge l'écureuil.
La lime représente la mâchoire inférieure dont les mouvements vont d'avant en arrière, dans le sens de sa longueur.

fortes, deux en bas, deux en haut, qui s'usent l'une contre l'autre et continuent toujours à pousser par la base. La mâchoire inférieure se déplace par un mouvement d'avant en arrière ou d'arrière en avant, dans le sens de la longueur de la tête.

Ce sont là les caractères principaux des animaux qui rongent ou *rongeurs*.

Parmi ceux que nous avons vus dans le chapitre précédent, le lapin, le loir, la marmotte, le rat présentent, comme l'écureuil, ces mêmes caractères : ce sont des animaux rongeurs.

28. Manière dont mange le mouton. — Dents. — Le mouton se nourrit d'herbe, et jamais il ne ronge des substances, comme pourrait le faire le lapin (qui est un rongeur mangeur d'herbe).

Le mouton ne mange pas de chair comme le chat, il ne ronge pas comme l'écureuil.

Les dents du fond des mâchoires ne sont disposées ni pour tailler, ni pour limer. Elles sont organisées pour broyer.

Examinons, en effet, les os d'une tête de mouton ; (fig. 29 et 30); nous verrons que les dents sont assez aplaties

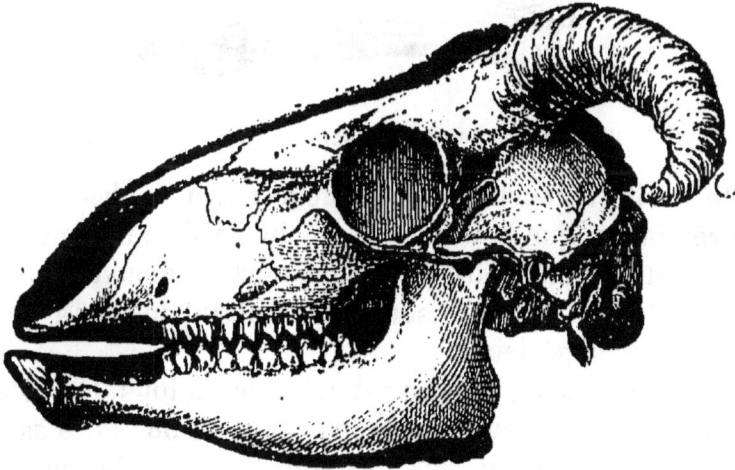

Fig. 29. Os de la tête du mouton.

à leur surface comme celles de l'écureuil, mais elles sont beaucoup plus nombreuses et la mâchoire est encore plus allongée.

Si nous donnons de l'herbe à un mouton, nous remarquerons un autre caractère qui distingue cet animal des précédents. En avant de la bouche, il n'y a pas de dents à la mâchoire supérieure ; il y en a, au contraire, à la mâchoire inférieure (c'est ce qu'on voit dans la fig. 29). Les dents d'en bas coupent l'herbe en s'appuyant sur l'os ; la langue du mouton lui sert aussi pour arracher et pour couper l'herbe.

29. Mâchoires du mouton, leur disposition pour broyer. — Le mouton broierait-il facilement l'herbe dont il se nourrit, si sa mâchoire inférieure n'avait que des

mouvements de bas en haut ou de haut en bas, comme
celle du chat? Il est bien clair que non.

Cette mâchoire ne se meut pas ainsi. Elle peut avoir
non seulement des mouvements d'avant en arrière comme
celle des rongeurs, mais aussi des mouvements en travers,

Fig. 30. Portion de la mâchoire inférieure du mouton.

de droite à gauche ou de gauche à droite, beaucoup plus
prononcés que ceux de la mâchoire de l'homme. Autre-
ment dit : la mâchoire inférieure peut se mouvoir horizontalement dans tous les sens, en frottant toujours contre la
mâchoire supérieure.

De cette façon, l'herbe est triturée de tous les côtés par
les dents nombreuses, aplaties, munies de lignes saillantes
et contournées (fig. 30), qui sont au fond des mâchoires.

Fig. 31. Matière broyée avec un pilon qu'on fait tourner dans tous les sens
pour figurer la manière dont l'herbe est triturée par les dents du mouton.

Le mouton broie l'herbe comme on écrase une substance en la broyant en tous sens avec un pilon (fig. 31).

30. Rumination du mouton. — Il y a encore une chose tout à fait singulière dans la manière dont mange le mouton.

Lorsqu'on observe un mouton tranquillement assis dans une prairie, on le voit souvent en train de mâcher et de broyer de l'herbe entre ses dents, bien qu'il n'en prenne pas un seul brin pendant ce temps.

On dit que le mouton *rumine*.

Il a la propriété de pouvoir faire revenir une seconde fois l'herbe entre ses dents pour la broyer plus complètement qu'au moment où il l'a avalée; c'est ainsi seulement, après l'avoir triturée une seconde fois, qu'il peut l'avaler définitivement pour la digérer.

Ces deux actions successives des mâchoires caractérisent cette manière spéciale de manger qu'on nomme la rumination.

31. Résumé des caractères qui font reconnaître que le mouton broie l'herbe et rumine. — **Ruminants.** — Le mouton a au fond des mâchoires de nom-

Fig. 32. Vache.

breuses dents aplaties et munies de rainures en zigzag.

En avant de la bouche, il a de petites dents coupantes à la mâchoire inférieure, et ne présente aucune dent à la mâchoire supérieure.

La mâchoire inférieure se meut en travers dans tous les sens, d'avant en arrière et de droite à gauche, de façon à broyer et à triturer les aliments.

Le mouton mâche l'herbe une première fois, grossièrement et avec rapidité. Puis il la fait revenir plus tard de son estomac pour la broyer d'une manière plus complète; il l'avale de nouveau et la digère définitivement.

Tels sont les principaux caractères des animaux qui ruminent ou *Ruminants*.

Le cerf, que nous avons déjà cité, la vache (fig. 32), la chèvre (fig. 33), sont, comme le mouton, des animaux ruminants.

Fig. 33. Chèvre.

32. Dents et mâchoires de la taupe. — Insectivores. — La taupe, qui se nourrit d'insectes, se rapproche beaucoup des animaux carnivores par sa manière de manger, par la disposition de ses dents et par les mouvements de ses mâchoires. Cependant, il y a une particularité à signaler. Les dents qui sont au fond de la mâchoire, au lieu d'être coupantes comme celles du chat, sont munies de petites pointes (fig. 34) qui entrent dans les creux des dents situées en face. Cette disposition est très commode à l'animal pour briser la carapace des insectes dont il fait sa nourriture.

Le hérisson, la chauve-souris, présentent les mêmes caractères : ils se nourrissent aussi d'insectes. On dit que ce sont des animaux mangeurs d'insectes ou *insectivores*.

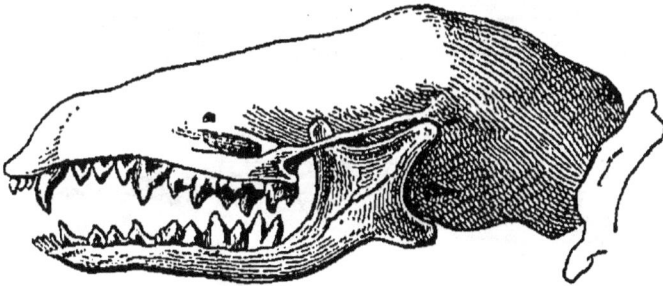

Fig. 34. Dents de la taupe (insectivore).

33. Résumé. — Comparons de nouveau, en les plaçant à côté les unes des autres, les têtes des animaux que nous venons d'étudier. Le chat a les dents qui sont au fond de la bouche tranchantes ; sa mâchoire inférieure se déplace seulement par un mouvement de haut en bas, ou de bas en haut. C'est un animal qui mange de la chair, ou un *carnivore*. Le renard, le chien, le loup, la loutre, sont aussi des carnivores.

L'écureuil a les dents qui sont au fond de la bouche aplaties et munies de bourrelets en travers. En avant de la bouche sont des dents très fortes ; la mâchoire inférieure se déplace seulement par un mouvement d'arrière en avant ou d'avant en arrière. L'écureuil est un animal qui ronge ou un *rongeur*. Le lapin, le loir, la marmotte, le rat, sont aussi des rongeurs.

Le mouton a les dents qui sont au fond de la bouche aplaties et nombreuses ; en avant de la bouche, il a de petites dents coupantes en bas, et aucune dent en haut ; sa mâchoire inférieure se déplace en travers, de droite à gauche ou de gauche à droite et aussi d'avant en arrière ; elle est disposée pour broyer les aliments. En outre, il mâche

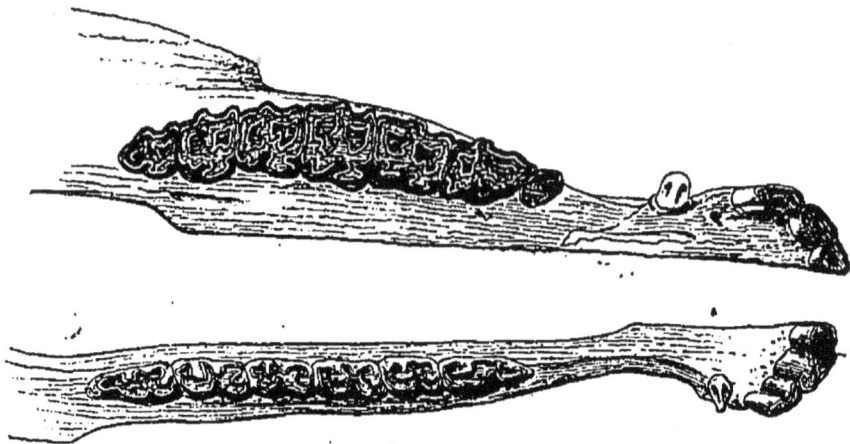

Fig. 35. Moitié de la mâchoire supérieure et moitié de la mâchoire inférieure du cheval.

deux fois ses aliments. On dit qu'il rumine : c'est un *ruminant*. Le cerf, la vache, la chèvre, sont aussi des ruminants.

Fig. 36. Ane.

Le cheval, l'âne (fig. 36), qui mangent de l'herbe comme les ruminants, sont broyeurs comme eux et ont les dents au fond de la mâchoire disposées à peu près de même (fig. 35). En avant de la bouche, ils ont des dents en haut et en bas ; ce sont aussi des broyeurs, mais ils ne mâchent l'herbe qu'en une seule opération ; ils ne ruminent pas.

La taupe présente presque la même disposition que les carnivores, mais ses dents du fond de la bouche, au lieu d'être tranchantes, sont munies de nombreuses petites pointes qui lui servent à briser les carapaces des insectes dont elle fait sa nourriture ; c'est un animal qui se nourrit d'insectes ou un *insectivore*. Le hérisson, la chauve-souris, sont aussi des insectivores.

CHAPITRE V.

LES ANIMAUX A PLUMES (OISEAUX).

34. La poule et le corbeau, ressemblances extérieures. — Nous avons vu que la poule diffère beaucoup de tous les animaux dont nous avons parlé dans les deux chapitres précédents. Comme la poule, d'autres animaux sont recouverts de plumes (fig. 39, 45, 46), et n'allaitent pas leurs petits. Ce sont les *animaux à plumes* ou *oiseaux*.

Pour nous donner une première idée de ces animaux, faisons de même que pour les mammifères : comparons la poule que nous connaissons déjà avec un autre oiseau, le corbeau par exemple.

Cherchons, en premier lieu, quelles sont les ressemblances que nous pouvons trouver entre ces deux animaux.

D'abord, ils sont recouverts de plumes et non de poils.

La poule et le corbeau ont les membres antérieurs munis de larges plumes (fig. 39) et disposés pour le vol : ce sont les ailes ; les membres postérieurs seuls sont construits pour la marche : ce sont les pattes.

Ni l'un ni l'autre n'ont de dents ; ils ont un bec, c'est-à-dire que leurs mâchoires supportent deux pièces faites en une matière dure ressemblant à de la corne, qui sont tranchantes sur les bords, pointues en avant.

Ils n'ont pas d'oreilles extérieures comme le lapin ou le chat. Leur oreille est dissimulée sous les plumes.

La queue porte chez le corbeau, comme chez la poule, un éventail ou un panache de plumes qui sont fixées sur la dernière vertèbre.

3.

Leur manière de vivre présente aussi des ressemblances. Tous les deux pondent des œufs qu'ils couvent pour les

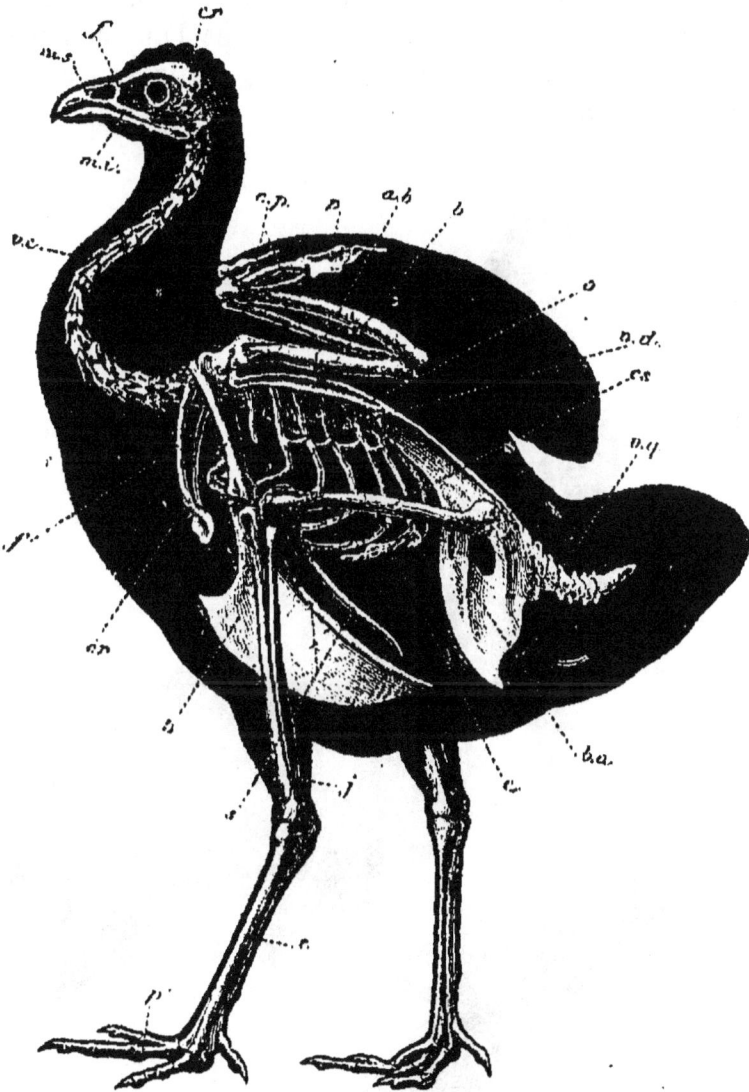

Fig. 37. Squelette de poule. *f.*, fourchette ; *cor.*, os reliant l'épaule à la poitrine ; *b.*, bréchet.

cr., crâne ; *f*, face ; *m.s*, mâchoire supérieure ; *m.i*, mâchoire inférieure — *v.c*, *v.d*, *v.q*, vertèbres ; — *o*, os de l'épaule ; *b*, bras ; *a.b*, avant-bras ; *c. p, p*, main — *c*, côtes ; *s*, os de la poitrine ; *b.a*, os du bassin ; *c.s.*, cuisse ; *j*, jambe ; *t.p*, pied.

réchauffer et d'où naissent les petits. Nous l'avons déjà dit, jamais les petits ne sont allaités.

La poule et le corbeau peuvent se percher sur les branches des arbres, en les saisissant avec leurs doigts qui sont au nombre de quatre, trois en avant et un en arrière. Ils peuvent tous deux gratter le sol avec l'une de leurs pattes pour y trouver les graines ou les petits animaux dont ils font leur nourriture.

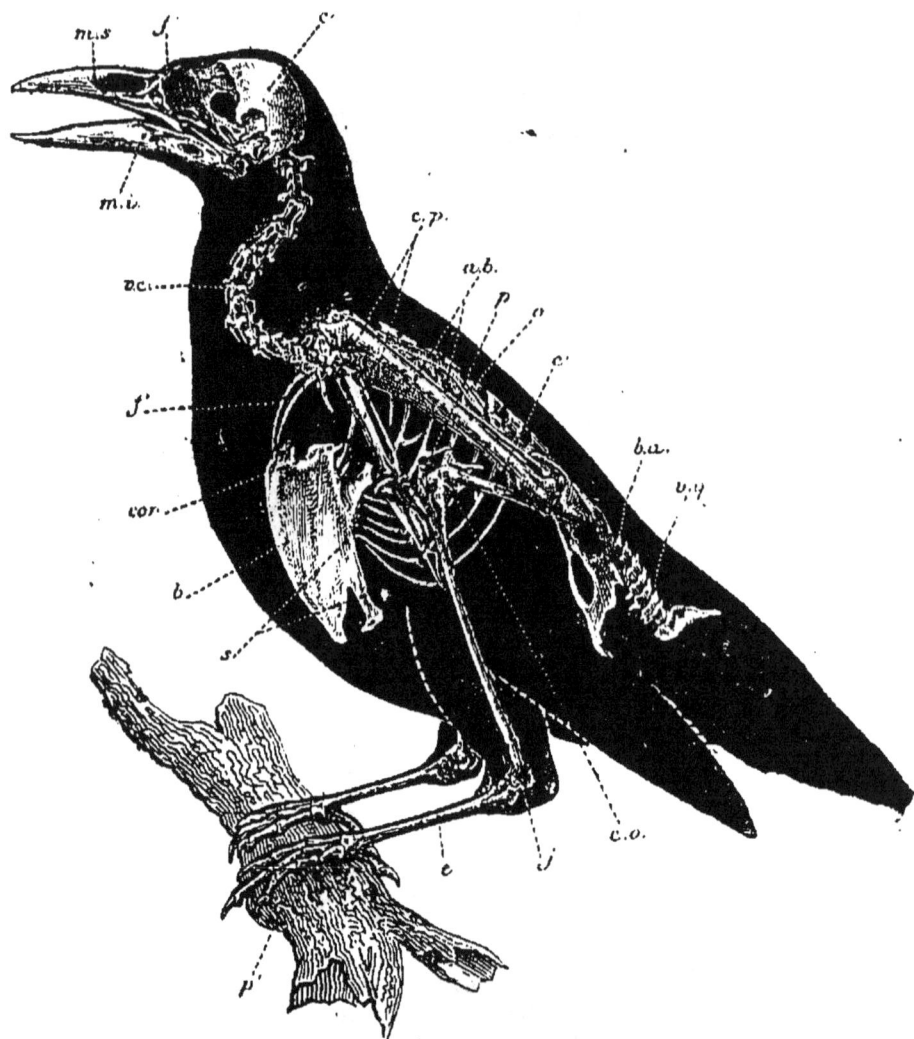

Fig. 38. Squelette de corbeau (sur cette figure, le corbeau est représenté relativement plus grand que la poule, (fig. 37). Les mêmes lettres indiquent les os correspondant aux os de la poule (voir la fig. 37).

Nous pouvons encore remarquer que, chez le corbeau

comme chez la poule, la tête est très mobile; le cou de ces animaux est si souple qu'ils peuvent, avec la plus grande facilité, tourner la tête dans tous les sens, jusqu'à la placer tout à fait en arrière.

Il nous est facile de conclure déjà que le corbeau ressemble beaucoup plus à la poule qu'à aucun des animaux que nous avons étudiés jusqu'à ce moment.

35. Ressemblances entre le squelette de la poule et celui du corbeau. — En examinant comparativement la disposition des os, nous allons trouver des ressemblances encore plus grandes, comme lorsque nous avons comparé le chat et le lapin.

Plaçons à côté l'un de l'autre le squelette de poule que nous avons déjà regardé (fig. 37) et le squelette du corbeau (fig. 38).

Nous venons de remarquer que chez le corbeau comme chez la poule, le cou est long et flexible ; nous voyons sur ces deux squelettes qu'il est en effet soutenu par un grand nombre de vertèbres (*v. c.*), tandis qu'il n'y en avait que sept dans le cou des mammifères.

Les os de l'épaule situés vers le dos, sont, chez le corbeau, deux lames allongées (*e.*) comme chez la poule, au lieu de présenter une large surface aplatie, comme chez le chat ou le lapin.

36. Bréchet. — Portons maintenant notre attention sur la partie du squelette de la poule qui est située vers la poitrine. L'os qui relie les côtes entre elles (1) était très mince et peu saillant chez le chat (voy. *s.*, fig. 5), nous trouvons au contraire qu'il est robuste et large chez la poule ; il porte en son milieu une grande lame qui fait saillie en avant (*b.*, fig. 37), c'est ce qu'on appelle le *bréchet*. Lorsqu'on mange du poulet on remarque facilement la forme de cet os de la poitrine.

Voyons le squelette du corbeau ; l'os de la poitrine qui relie les côtes en avant ressemble-t-il à celui du chat ou à

---

(1) C'est l'os qu'on appelle le sternum.

celui de la poule ? Nous voyons qu'il est tout à fait disposé comme chez ce dernier animal. Il est développé ,aplati
sur les côtés et présente en avant un bréchet (*b.*, fig. 38)
qui est aussi très saillant. Par cette raison seule nous
constatons que le corbeau ressemble plus à la poule qu'aux
mammifères.

**37. Os qui relient la poitrine à l'épaule ; four-
chette.** — Regardons maintenant, dans le squelette de
la poule, comment cet os de la poitrine est relié à l'é-
paule. Chez le chat c'était par deux os distincts (1) ;
ici, chez la poule, ces deux os sont soudés en avant et
forment une petite fourche nommée *fourchette*, bien facile
encore à observer lorsqu'on découpe une poule.

Cette fourchette qui rattache solidement à l'épaule l'os de
la poitrine muni de son bréchet, est doublée par une paire
d'os très solides (*cor.*), situés par derrière, qui rendent
encore plus fixe et plus robuste toute la partie osseuse de
la poitrine. Revenons au squelette du corbeau; nous y
apercevrons de même le double système de la fourchette
(*f.*, fig. 38) et des deux autres os plus gros par derrière,
reliant la poitrine à l'épaule (*cor.*).

Ainsi les os de l'épaule, vers le dos, sont peu développés
chez la poule et le corbeau ; ceux de la poitrine le sont beaucoup ; c'est le contraire chez le chat. C'est que, chez les
deux premiers animaux, les os de la poitrine soutiennent les
parties charnues produisant les mouvements des ailes
qui font voler l'animal; en outre, ces mouvements doivent
être beaucoup plus puissants pour pouvoir élever l'animal
dans l'air; nous comprenons ainsi pourquoi les parties
osseuses de la poitrine et les os qui relient la poitrine
à l'épaule sont robustes et solidement attachés.

En examinant les autres parties du squelette, nous pourrions trouver encore bien d'autres caractères qui rappro-
chent le corbeau de la poule en l'éloignant du chat et du lapin.

Ainsi, les côtes (*c*) sont reliées toutes entre elles vers le

(1) Les *clavicules*, qui sont très petites chez le chat, mais qu'on sent
très bien chez l'homme, en appuyant la main en haut de la poitrine
du côté de l'épaule.

milieu, comme on peut le voir sur la figure 37, par de
petits prolongements osseux tournés en arrière; les vertèbres de la queue (*v. q.*) sont peu nombreuses chez le
corbeau, comme chez la poule, et la dernière vertèbre, plus
grande que les autres, porte, nous l'avons dit, les plumes
de la queue.

**38. Dispositions semblables des membres chez
la poule et chez le corbeau.** — Comparons maintenant
les os des membres. D'abord les membres antérieurs : nous
voyons que dans la position de repos, chez le corbeau
comme chez la poule, ils sont repliés sur eux-mêmes, en
zigzags. Ces parties sont très mobiles et peuvent venir se
placer presque sur le prolongement les unes des autres
quand les ailes se déploient pour e vol (fig. 39); elles portent des plumes longues et offrent alors une grande surface
qui bat l'air pour soulever l'animal au-dessus du sol.

Nous observons facilement que les os des ailes sont
relativement plus grands chez le corbeau; aussi le corbeau
vole-t-il beaucoup plus que la poule; mais la forme générale de leur charpente osseuse est absolument semblable.

L'extrémité du membre antérieur, au bout de l'avant-
bras, n'a plus que trois doigts.

Les pattes, sont, il est vrai, plus vigoureuses chez la
poule que chez le corbeau; mais en somme, la manière gé-

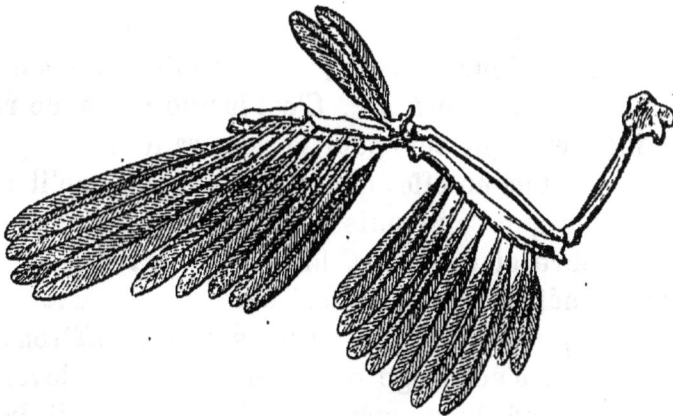

Fig. 39. Aile d'oiseau montrant comment les longues plumes sont portées
par les os de l'avant-bras et de la main.

nérale dont les os sont reliés est tout à fait la même ; on peut l'observer facilement quand on mange un *pilon* de poulet. La cuisse est soutenue par un seul os ; la jambe est composée de deux os dont l'un, mince et très petit, se termine en bas par une pointe fine. A l'extrémité de la jambe se trouve encore un os allongé que nous n'observions pas chez le chat ou le lapin : c'est un os du pied qui est très développé ; il porte au bout quatre doigts, chez le corbeau comme chez la poule.

39. OEuf. — Cherchons à voir, maintenant, comment l'œuf se transforme en poussin. Prenons un œuf de poule ordinaire, qui vient d'être pondu.

On sait qu'il est formé de trois parties principales : la coquille, le blanc, le jaune.

La *coquille*, qui sert à le protéger est dure et renferme des matières minérales. Elle contient deux parties : une matière gélatineuse, blanchâtre et coulante qu'on nomme le *blanc* de l'œuf ; et, dans son intérieur, une masse sphérique qu'à cause de sa couleur on appelle le *jaune*. Sur la surface du jaune on aperçoit une petite tache blanchâtre dont nous verrons plus loin l'importance.

On peut encore remarquer qu'il y a un endroit où le blanc ne touche pas directement la coquille ; en cette région de l'œuf, on peut casser la coquille sans entamer le blanc : c'est, à l'intérieur de l'œuf, une cavité pleine d'air qu'on nomme la *chambre à air*. C'est là une sorte de réservoir d'air intérieur qui sert pour la respiration.

On a constaté en effet que l'œuf respire, qu'il a besoin d'air ; pour que l'œuf puisse se développer il faut qu'il soit à l'air libre et que l'air, filtrant à travers la coquille, puisse pénétrer dans l'intérieur.

Un œuf placé dans l'eau ou dans un gaz différent de l'air, dans du gaz d'éclairage par exemple, ne se développerait jamais, quand bien même on lui donnerait la chaleur nécessaire.

40. Conditions nécessaires au développement de

l'œuf. — Pour que le développement de l'œuf puisse avoir lieu, il faut donc, comme première condition, que l'œuf soit au milieu de l'air ordinaire.

Fig. 40. Œuf couvé pendant deux jours.

Mais cette condition ne suffit pas. On sait, en effet, qu'une poule *couve* ses œufs, c'est-à-dire qu'elle se place au-dessus, les recouvre et les entoure chaudement de ses plumes. Pourquoi la poule couve-t-elle ses œufs ?

Le corps de la poule est chaud ; on sent même cette chaleur, si l'on prend l'animal avec les mains ; il est plus chaud que la terre. La poule couve donc les œufs pour les réchauffer.

En effet, on peut voir que les œufs, même placés à l'air, ne se développent jamais sans chaleur.

Il faut *de l'air* et *de la chaleur*.

Ces conditions sont suffisantes, la présence de la poule couveuse n'est pas nécessaire. On sait qu'il est possible d'obtenir le développement de l'œuf sans la poule, dans une boîte en métal, chauffée par de l'eau chaude et communiquant avec l'air. C'est ce qu'on nomme une couveuse artificielle.

41. Développement de l'œuf ; poussin. — Comment cet œuf devient-il un petit poussin ? Que se passe-t-il à l'intérieur de l'œuf pendant qu'il se développe ?

Nous pourrons constater les états successifs de l'œuf, en retirant, de temps en temps, des œufs (dont on aurait marqué sur la coquille la date de ponte) soit d'une couveuse artificielle, soit de dessous une poule couvant des œufs.

En marquant ainsi la date d'un œuf on peut d'abord observer qu'il faut vingt-et-un jours pour qu'il se transforme en un petit poussin.

Fig. 41. Œuf couvé pendant huit jours.

Mais cassons successivement les coquilles d'œufs couvés au bout de douze heures, d'un jour, de deux jours, de quatre jours, etc..

Au bout de douze heures nous trouverons qu'il n'y a presque aucun changement à l'intérieur de l'œuf, le blanc est toujours le même, mais, sur le jaune, la tache blanchâtre est devenue plus visible.

Au bout de deux jours, juste à la place de la tache blanchâtre que nous avons remarquée, nous pouvons apercevoir une portion allongée plus grande que la tache primitive (fig. 40).

Un œuf cassé un peu plus tard nous montrera au même endroit un corps qui prend une forme déterminée. Cassons encore un œuf qui sera de quelques jours plus âgé, nous distinguons déjà dans ce corps une petite partie arrondie qui deviendra la tête du poussin et sur laquelle on voit les yeux relativement très gros (fig. 41); au-dessous du corps, des prolongements qui formeront les membres antérieurs et les membres postérieurs; mais à ce moment on ne peut pas distinguer les pattes ni les ailes.

Des œufs de plus en plus âgés nous feront voir la suite du développement : le corps prend une forme d'oiseau et

Fig. 42. Œuf couvé pendant dix-huit jours.

se recouvre de plumes ; on aperçoit distinctement les diverses parties de la tête, les pattes et les ailes acquièrent une apparence très distincte (fig. 42).

Pendant ce temps, le corps qui n'était à l'origine qu'une petite tache blanchâtre, a peu à peu considérablement grossi, tandis que le jaune et le blanc de l'œuf ont peu à peu diminué. Or, le corps pour se former n'a reçu aucune nourriture extérieure à l'œuf.

Fig. 43. Poussin sortant de l'œuf. Il a encore à la partie supérieure du bec la pièce cornée avec laquelle il a cassé sa coquille.

A quoi donc servent le jaune et le blanc ? Ce sont évidemment, nous le voyons par cette étude, des provisions de nourriture amassées en réserve dans l'œuf pour nourrir le corps du petit poussin en train de se former.

Lorsque le poussin a presque complètement absorbé tout le blanc et le jaune de l'œuf, au bout de vingt ou vingt et un jours, comme nous l'avons observé, il remplit la coquille complètement; il la casse alors au moyen d'une petite pièce dure qui est à la partie supérieure de son bec (fig. 43). Il peut presque tout de suite marcher, chercher sa nourriture et bientôt voleter (fig. 44).

Fig. 44. Poussins.

12. Résumé des principales ressemblances observées entre la poule et le corbeau. Animaux à plumes (oiseaux). — Les ressemblances les plus importantes que nous avons observées entre la poule et le corbeau sont les suivantes :

La peau est recouverte de plumes.

La tête a des mâchoires dépourvues de dents et munies de pièces cornées qui forment le bec; elle est supportée

par un cou flexible : elle peut se retourner complètement
en arrière.

Fig. 45. Fauvette.

Les os de l'épaule, du côté du dos, sont étroits. L'os de la
poitrine est très développé et présente, au milieu, une lame

Fig 46. Coucou.

saillante appelée *bréchet* : il est relié à l'épaule par une
double paire d'os; ceux qui sont en avant sont soudés en
bas et forment ce qu'on appelle la *fourchette*.

Les petits sortent d'œufs et ne sont jamais allaités.

Les animaux qui présentent aussi la plupart de ces ressemblances avec la poule et le corbeau et qui sont beaucoup plus analogues à eux qu'aux mammifères, sont nommés, comme nous l'avons dit, *animaux à plumes* ou *oiseaux*.

Ajoutons qu'en général, ils pondent et couvent leurs œufs dans des *nids*.

Tels sont la fauvette (fig. 45), le coucou (fig. 46), l'hirondelle, le canard, le hibou.

CHAPITRE VI.

DIVERSES SORTES D'OISEAUX.

Nous allons maintenant passer en revue un certain nombre d'oiseaux en étudiant leurs diverses manières de vivre, comme nous l'avons fait pour les mammifères.

13. Hirondelle, martinet — Bons voiliers. — Examinons d'abord le vol.

Regardons, en les plaçant côte à côte, une hirondelle et une poule. En comparant les ailes, nous remarquons immédiatement que l'hirondelle a les ailes et la queue

Fig. 47. Hirondelle (oiseau bon voilier).

très longues; elles dépassent de beaucoup la longueur du corps, tandis que la poule a des ailes courtes.

Il est évident que l'hirondelle dont nous voyons les ailes très allongées (fig. 47), peut en les déployant opposer une grande résistance à l'air. Elle s'enlève de bas en haut, par les mouvements répétés de ses membres antérieurs. Cette large surface que présentent les plumes de ses ailes déployées, permet à l'hirondelle de planer à de grandes hauteurs, sans faire aucun mouvement; elle est soutenue dans les airs comme un parachute.

Les vertèbres de la queue peuvent se déplacer à gauche et à droite; les plumes qui sont disposées en une lame aplatie (fig. 47) font alors office de gouvernail. Comme cet oiseau se nourrit d'insectes qu'il attrape en volant, il est nécessaire qu'il ait ainsi un vol très rapide et qu'il puisse très vite changer de direction.

Le martinet, qui ressemble beaucoup à l'hirondelle, offre les mêmes dispositions, mais plus prononcées; ses ailes sont encore plus longues.

L'hirondelle se pose très rarement, le martinet ne perche pas. Excepté lorsque ces oiseaux sont dans leurs nids, on peut dire qu'ils volent presque continuellement.

Ces oiseaux si bien disposés pour le vol, tels que l'hirondelle, le martinet, sont appelés des oiseaux *bons voiliers*.

44. Poule, perdreau. — Mauvais voiliers, marcheurs. — Quand la surface de l'aile est petite par rapport au corps, il faut que l'oiseau fasse des mouvements très fréquents pour s'élever dans l'air; son vol est lourd et pénible. Tel est celui du perdreau. La poule vole encore plus mal.

Nous avons vu que la poule a les ailes très courtes, tandis que les pattes sont allongées et soutenues par des os robustes.

Cette disposition pour la marche, chez la poule, est marquée par d'autres caractères dans le squelette. Le bréchet, par exemple, est beaucoup moins développé que chez l'hirondelle, en proportion de la grandeur de l'animal; de plus l'os de la poitrine est moins fort, il présente des échancrures profondes que l'on ne trouve pas dans celui de l'hirondelle.

La poule, le perdreau (fig. 48), le faisan, marchent plus

souvent qu'ils ne volent : ce sont des oiseaux mauvais voiliers ou *marcheurs*.

Un caractère que nous avons reconnu chez les oiseaux,
c'est que les os des ailes sont creux, remplis d'air et par

Fig. 48. Perdreau (oiseau mauvais voilier).

conséquent très légers, ce qui permet à ces animaux de
s'élever plus facilement au-dessus de terre.

Chez lesquels cette disposition sera-t-elle le mieux
marquée ? Quels seront les os les plus légers ? Ceux de
l'oiseau bon voilier, ou ceux de l'oiseau marcheur ? Evidemment ce seront ceux du premier. Nous trouvons en effet
que tous les os de l'hirondelle sont très creux et remplis
d'air, tandis que ce caractère est beaucoup moins marqué
chez la poule, dont un certain nombre d'os, ceux des
pattes par exemple, n'ont pas ainsi de l'air à l'intérieur.

D'une manière générale, comme nous l'avons déjà remarqué, il arrive le plus souvent que lorsqu'une partie du corps
est très bien disposée pour une fonction, c'est aux dépens
des autres organes : le martinet, si bon voilier, ne peut pas
bien marcher sur ses pattes courtes ; placé au fond d'un
terrain creusé en cuvette, il ne pourrait s'envoler. Pour
prendre son vol il est presque nécessaire qu'il choisisse
le bord d'un terrain, d'un rocher ou d'une maison. C'est
pour cela qu'il construit ordinairement son nid dans un
endroit escarpé.

De même, la poule, qui est organisée pour marcher, vole difficilement et ne peut se maintenir longtemps en l'air.

Fig. 49. Autruche (oiseau coureur).

45. Autruche. — Coureurs. — Certains oiseaux présentent l'exagération des dispositions que nous venons d'observer chez la poule. Le sailes sont encore plus réduites, les pattes sont très robustes et le vol devient impossible.

4

Telles sont les autruches (fig. 49) qui habitent diverses régions de l'Afrique. Ces oiseaux sont particulièrement disposés pour la course. On peut les appeler oiseaux *coureurs*.

Les ailes, chez l'autruche, ne sont plus organisées pour

Fig. 50. Os de la poitrine chez l'autruche. Il n'y a pas de lame plate en avant, tandis que la poule ou le corbeau en présentent une développée.

voler; elles sont relativement très peu étendues et servent seulement à l'animal pour l'aider dans sa course; l'autruche ouvre en effet ses ailes quand la direction du vent est favorable; elles lui donnent alors prise et font office de voiles. Les doigts des pattes, réduits à deux, sont très élargis à la base; ils ne sont pas disposés pour percher, mais présentent une grande surface pour fournir aux jambes un point d'appui solide et faciliter la course (fig. 49).

L'impossibilité du vol est nettement indiquée par les différences que l'on observe entre le squelette de l'autruche et celui des autres oiseaux.

Nous avons vu que le bréchet, chez les oiseaux, était en rapport avec l'action de voler ; cette lame osseuse soutient les parties charnues qui donnent aux ailes leurs mouvements énergiques.

Devrons-nous nous attendre à trouver chez l'autruche, qui ne vole pas, un bréchet très développé ? Probablement non.

Examinons l'os de la poitrine chez cet oiseau (fig. 50) : nous voyons qu'il ne présente même plus la trace d'une lame saillante au milieu.

L'oiseau ne vole pas, il n'y a pas de bréchet (1).

16. Pic, perroquet. — Grimpeurs. — Considérons maintenant ce pic (fig. 51). C'est un oiseau qu'on rencontre souvent dans les bois. On le voit monter, en tournant, sur le tronc des arbres et sur les branches où il recherche les insectes.

Portons notre attention sur ses pattes et sur la disposition de leurs doigts. La poule, le corbeau, l'hirondelle, le martinet, le perdreau, le faisan, dont nous avons parlé, présentaient trois doigts en avant et un en arrière. En est-il de même ici ? En observant la patte de ce pic (fig. 51), il est facile de voir que deux doigts sont dirigés en avant et deux en arrière. Ces pattes, ainsi conformées, sont utiles au pic pour grimper le long des arbres ; les deux doigts situés en arrière forment un solide appui. Tous sont terminés par des griffes recourbées et pointues de manière à pouvoir entrer dans l'écorce pour maintenir l'oiseau.

Le pic fait aussi usage de sa queue pour grimper ; les plumes de la queue, au nombre de dix, sont très raides et résistantes, et il peut s'appuyer sur elles quand il est sur une branche un peu inclinée.

Quant au bec, nous pouvons remarquer qu'il est allongé,

(1) C'est le contraire que l'on pouvait observer chez la chauve-souris ; nous y avons remarqué sur le sternum une ébauche de bréchet. De même que la chauve-souris est un mammifère qui vole, l'autruche est un oiseau qui ne vole pas, et ces diverses manières de se déplacer sont pour ainsi dire indiquées par le squelette.

pointu et très dur pour attaquer la surface du bois; le pic
s'en sert surtout pour frapper de petits coups secs
sur l'écorce des arbres, afin d'en faire sortir les insectes
dont il fait sa nourriture.

En observant un perroquet ou une perruche, nous pouvons remarquer aussi que leurs pattes ont quatre doigts
développés dont deux sont tournés en avant et deux en

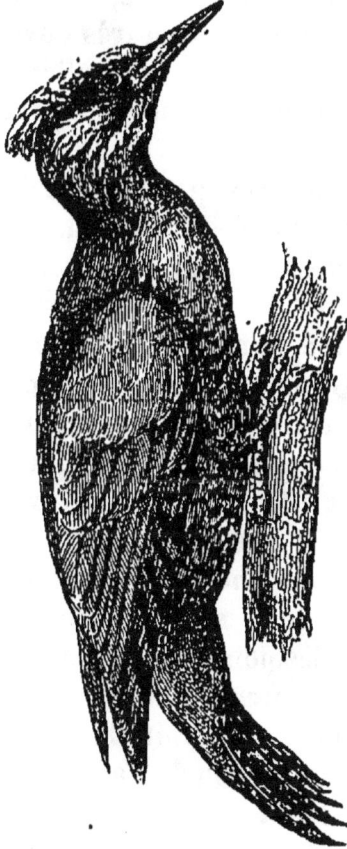

Fig. 51. Pic (oiseau grimpeur).

arrière. On sait que pour grimper sur leur perchoir ces
animaux se servent non seulement de leurs pattes, mais
encore de leur bec pointu.

Nous pouvons dire que ces oiseaux : le pic, le perroquet, la perruche sont disposés pour grimper : ce sont des
grimpeurs.

17. Héron, cigogne; oiseaux de rivage (échassiers). — Voici maintenant un héron (fig. 52). C'est un oiseau qui habite le bord des eaux où il se nourrit surtout de poissons et de grenouilles.

Son aspect est bien différent de celui des oiseaux dont nous avons déjà parlé. Ce qu'il a tout d'abord de remarquable, c'est la longueur de ses pattes : la jambe et le long article du pied qui est au-dessous, sont surtout très allongés. Son cou et son bec sont aussi très développés en longueur; le cou flexible peut venir se replier au-dessus du corps ou de côté, de manière à mettre à l'abri, sous une aile, la tête de l'oiseau.

Pourquoi ces longues pattes grêles qui ne sont pas disposées pour la course, comme celles de l'autruche? A quoi servent-elles au héron? Si l'on observe l'un de ces oiseaux sur le bord d'un étang, on voit qu'il ne se met pas à la nage pour aller à la recherche des poissons; ses pieds, en effet, nous pouvons nous en apercevoir, ne sont pas organisés pour ramer. D'autre part, s'il restait à terre sur le bord, il n'aurait guère la chance de pouvoir attraper sa proie.

Pour aller à la pêche, on le voit s'avancer sur ses longues pattes comme sur des échasses; il peut ainsi venir à une certaine distance du bord sans que son corps soit encore dans l'eau; là il reste souvent immobile, attendant l'occasion de happer les poissons au passage.

Mais pour les prendre, si son cou et son bec étaient relativement courts, il serait obligé de mouvoir son corps et ses pattes pour se courber afin de les atteindre. La longueur de son cou et celle de son bec lui permettent même, lorsqu'une partie de ses longues jambes est en dehors de la surface, de saisir brusquement un poisson sans déranger la position de ses pattes ni celle de son corps.

Un autre caractère, en rapport avec le mode d'existence du héron, le distingue des oiseaux que nous connaissons déjà. Chez le pic, l'hirondelle, la poule, la jambe (c'est-à-dire l'avant-dernier article de la patte) était garnie de plumes ici, chez le héron dont cette partie de la patte est souvent plongée dans l'eau, les plumes manquent à la base.

4.

Les hérons peuvent voler très bien et pendant longtemps. Ils émigrent par bandes d'une contrée à une autre suivant les saisons.

Fig. 52. Héron (oiseau de rivage).

Comme ils ne perchent pas, le doigt qui est en arrière du pouce est peu développé, c'est ce que nous pouvons observer.

Si nous examinions une cigogne qui vit aussi habituellement sur les bords des rivières et des étangs, nous lui trouverions les mêmes caractères. Elle a de longues pattes dont les jambes sont dégarnies de plumes, un long cou qui peut se replier, un bec allongé. Nous pouvons dire que le héron, la cigogne sont organisés pour vivre sur les rivages : ce sont des *oiseaux de rivage ;* à cause de leurs longues jambes on les appelle aussi quelquefois *échassiers.*

18. Canard, mouette.— Nageurs.— Le canard est aussi un oiseau aquatique qui vit dans les rivières ou dans les lacs; mais nous savons qu'il ne reste pas toujours sur leurs rives; il peut nager.

Dès lors, devons-nous nous attendre à lui trouver des pattes conformées comme celles du héron ou de la cigogne?

Comment étaient disposées les extrémités des pattes chez le mammifère nageur que nous avons décrit? La loutre, nous nous en souvenons, avait les doigts rejoints entre eux par une membrane, de façon à présenter une large surface pour ramer (fig. 17). Il en est de même chez le canard (fig. 53), qui est un oiseau nageur, comme la loutre

Fig. 53. Patte de canard, disposée pour la nage.

était un mammifère nageur. On sait que le canard rame en effet avec ses deux pattes pour se déplacer à la surface de l'eau.

En outre, nous pouvons voir que les pattes du canard sont assez courtes et placées très en arrière du corps. Cette situation des pattes qui est la cause de la démarche pénible et disgracieuse de cet oiseau sur terre, est au

contraire très avantageuse quand l'animal se sert de ses
pattes pour nager. Pour diriger facilement un bateau,
c'est de l'arrière qu'on do't faire venir l'action.

Le canard a aussi le cou assez allongé, ce qui lui est
nécessaire pour aller chercher sa nourriture sous l'eau.
Le canard sauvage, en effet, ne se nourrit pas surtout de
graines, mais de petits poissons et d'autres animaux aquatiques.

La peau produit à la surface une sorte de matière
grasse qui se répand sur les plumes. C'est là encore un
caractère qui est en rapport avec la natation. Chez
ces oiseaux, le corps touche l'eau directement pendant
très longtemps. C'est cette graisse se répandant sur

Fig. 54. Mouette nageant.

les plumes qui empêche l'eau de pénétrer. La peau de
l'animal, toujours garantie par les plumes, n'est ainsi jamais imbibée d'eau ; elle est rendue, pour ainsi dire, im-
perméable.

Le cygne a la même manière de vivre ; en conséquence,
nous lui trouverons des caractères analogues : le cou allongé, les pattes situées en arrière, les doigts réunis par
une membrane, les plumes enduites d'une substance hui-
leuse.

La mouette (fig. 54) est un oiseau qui nage sur la mer
à la recherche des poissons ; elle présente, comme nou
le voyons, des dispositions semblables aux précédentes ;
mais elle vole beaucoup mieux que le cygne ou le canard ;
ses ailes sont, en effet, plus allongées.

Ainsi donc le canard, le cygne, la mouette, sont des
oiseaux nageurs.

Fig. 55. Manchot (oiseau plongeur).

19. Manchot, pingouin. — Plongeurs. — Si nous
allions sur les bords des mers qui avoisinent les régions

du pôle antarctique, par exemple tout à fait au sud de
l'Amérique, nous verrions un grand nombre d'animaux
bizarres, tels que celui-ci (fig. 55): ce sont des *man-
chots*. On les a ainsi nommés parce qu'ils ont l'air
d'avoir des bras coupés. Nous les reconnaissons bien
pour des oiseaux et cependant, sur le dos et sur les ailes,
leur peau semble recouverte d'écailles.

Fixons notre attention sur les diverses parties de cet
animal.

Les ailes sont plus courtes que celles de l'autruche;
elles ne portent pas de longues plumes comme celles des
oiseaux que nous connaissons; elles ne peuvent pas servir pour voler. Le manchot ne vole pas.

Les pattes sont tournées encore bien plus en arrière
que celles du canard, si bien que l'animal hors de l'eau est
obligé de se tenir tout à fait droit; sa marche est encore
plus difficile, son allure encore plus gauche que celle du
canard. Le manchot est mauvais marcheur.

Mais, lorsqu'il est dans l'eau, on voit qu'il est, au contraire, très bien organisé, non seulement pour nager à la surface, comme le canard ou la mouette, mais aussi pour
plonger avec agilité. On s'aperçoit alors qu'il a deux
paires de rames naturelles. D'abord les doigts de ses
pattes sont reliés entre eux par une membrane, comme
ceux du canard; en outre, ses ailes lui forment une seconde paire de nageoires. Les plumes qui les recouvrent
ne sont pas développées en longueur et forment ces petites plaques aplaties que nous avions pu prendre au premier abord pour des écailles.

Les *pingouins*, qui habitent les mers glaciales voisines
du pôle nord, ont une forme et une démarche analogues,
mais quelques espèces peuvent se servir de leurs ailes
pour voler.

Nous pouvons dire que ces animaux à plumes qui sont
si éloignés des oiseaux ordinaires, sont organisés pour
plonger. Le manchot, le pingouin, sont des oiseaux *plongeurs*.

50. Épervier, vautour. -- Oiseaux de proie. --

Nous pourrions, comme nous l'avons fait pour les mammifères, étudier différents oiseaux au point de vue de la manière dont ils se nourrissent; mais cette étude est moins intéressante, parce que les oiseaux n'ont pas de dents.

Nous avons déjà dit que le pic et l'hirondelle se nourrissent d'insectes; le héron et la mouette se nourrissent de poissons; on sait que le perroquet et le serin vivent en mangeant des graines.

Il existe aussi des oiseaux qui mangent des mammifères ou d'autres oiseaux et qui se nourrissent avec la chair de leurs proies; tel est cet épervier (fig. 56).

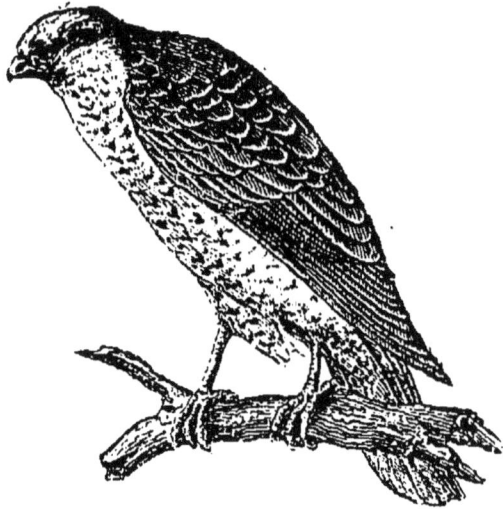

Fig. 56. Epervier (oiseau de proie).

Voyons quels sont les caractères de cet oiseau :

Le bec a une forme que nous n'avons pas encore observée; la partie supérieure est plus longue que l'autre; nous remarquons qu'elle est recourbée vers le bas et pointue à l'extrémité. C'est que le bec sert à l'épervier pour déchirer sa proie.

Les pattes sont robustes sans être très allongées; les quatre doigts sont très forts, terminés par des ongles solides, recourbés et pointus; le doigt situé en arrière, qui était tout petit chez les oiseaux nageurs, est ici très développé. Les doigts qui portent ces ongles crochus peuvent être recourbés ou étendus à la volonté de l'épervier. Ils lui servent à saisir les oiseaux ou les petits rats dont il fait sa nourriture.

L'épervier a la vue très perçante; il peut apercevoir l'animal dont il veut faire sa proie à une très grande distance, lorsqu'il plane dans l'air au-dessus de lui, alors que cet animal, qui n'a pas de si bons yeux que l'épervier, ne peut pas encore le voir.

Le vautour, l'aigle, vivent aussi de chair. Leur bec et leurs pattes présentent la même organisation que ceux de l'épervier.

Nous pouvons dire que de tels oiseaux sont des mangeurs de chair ou des carnivores, comme le renard, le loup, parmi les mammifères. On les a nommés des *oiseaux de proie*.

51. Chouette, hibou. — Oiseaux de proie nocturnes.

— Nous pouvons reconnaître que la chouette (fig. 57) est aussi un oiseau de proie; nous lui trouvons la partie supérieure du bec recourbée et pointue; les griffes sont aussi crochues et acérées.

Cet oiseau diffère cependant de l'épervier, de l'aigle et du vautour par sa grosse tête munie de deux yeux énormes et tournés en avant.

La chouette, on le sait, ne va pas pendant le jour à la recherche de sa proie. C'est seulement la nuit qu'elle vole pour aller surprendre les souris, les mulots ou les petits oiseaux dont elle fait sa nourriture. Elle dort, au contraire, pendant la journée.

Ses gros yeux, très développés, lui permettent de se guider très bien à la clarté de la lune, au crépuscule ou même à la faible lumière des étoiles. Une lumière trop vive les éblouit.

Le hibou, le grand-duc, sont, comme la chouette, des oiseaux de proie qui dorment le jour et qui chassent pendant la nuit. Nous pouvons les appeler des oiseaux de proie *nocturnes*.

52. Nids; leur fabrication. — On sait que la plupart des oiseaux construisent des nids où ils pondent et couvent leurs œufs, et dans lesquels ils élèvent souvent leurs petits pendant un certain temps.

Les oiseaux construisent leurs nids d'une façon différente, suivant la manière dont ils sont organisés. Prenons quelques exemples parmi les oiseaux que nous avons cités.

Nous avons dit que les oiseaux bons voiliers, comme l'hirondelle, établissent leurs nids dans les endroits escarpés, sur les rochers ou sur les murailles. Le nid de l'hirondelle est bâti avec une sorte de mastic formé par des débris de plantes, de graviers et de terre délayés avec la salive de l'oiseau.

Les oiseaux marcheurs ou mauvais voiliers font souvent leur nid sur le sol, comme la perdrix.

Les grimpeurs construisent leurs nids sur les arbres. Le pic l'établit dans une cavité d'un tronc d'arbre, qu'il agrandit avec son bec.

La mouette creuse le sien dans les escarpements des falaises.

Certains oiseaux nageurs bâtissent, avec des joncs, des nids qui peuvent flotter sur l'eau.

Le coucou (fig. 46) n'a pas de nid; il profite de ceux des autres. Il va pondre en cachette ses œufs dans le nid d'un autre oiseau, d'une fauvette par exemple, et les abandonne à ses soins.

53. Résumé. — Nous venons d'étudier un certain nombre d'animaux parmi ceux qui sont caractérisés par les plumes de la peau, par l'absence d'allaitement et la présence d'œufs d'où sortent leurs petits.

Nous avons vu que ces animaux appelés *oiseaux* peuvent se déplacer dans l'air, sur le sol ou dans l'eau, de façons très différentes, en rapport avec leur manière générale de vivre.

Les oiseaux *bons voiliers*, comme l'hirondelle ou le martinet, ont les ailes plus longues que le corps et munies

5

de très grandes plumes ; l'os de la poitrine et le bréchet sont très développés, les pattes sont peu robustes.

Au contraire, les oiseaux comme le perdreau, la poule, qui sont mauvais voiliers et *marcheurs*, ont les ailes courtes et les jambes vigoureuses.

Fig. 57. Chouette (Oiseau de proie nocturne).

Les oiseaux *coureurs*, comme l'autruche, ont encore les ailes relativement plus courtes ; ils ne s'en servent pas pour voler ; l'extrémité de leurs pieds est aplatie ; comme ils n'ont pas à faire mouvoir leurs ailes avec énergie, l'os de la poitrine ne présente pas de bréchet.

Les oiseaux comme le pic, le perroquet, sont des *grimpeurs*; leur caractère spécial est d'avoir deux doigts tournés en avant et deux en arrière.

Les *oiseaux de rivage*, comme le héron, vivent au bord des étangs ou des rivières; ils ont les pattes, le cou et le bec très allongés.

Le canard, le cygne, la mouette, ont les doigts des pattes

réunis par une membrane; leurs plumes sont recouvertes d'une substance grasse qui empêche la peau de se mouiller, leurs pattes sont insérées en arrière de leur corps; ce sont des oiseaux *nageurs*.

Le manchot des régions antarctiques a des ailes sans plumes développées, les pattes situées encore plus en arrière que chez les oiseaux dont nous venons de parler; les doigts sont aussi réunis par une membrane. Pour nager ou pour plonger dans l'eau, il se sert comme rames de ses ailes aussi bien que de ses pattes. Le pingouin des mers arctiques a des caractères analogues. Ce sont des oiseaux *plongeurs*.

Les *oiseaux de proie* comme le vautour, l'aigle, l'épervier, ont le bec crochu et pointu à la partie supérieure, pour déchirer les chairs; leurs doigts portent des ongles recourbés et acérés pour saisir leurs proies; ceux qui ne sont éveillés que la nuit ont des yeux très grands, situés en avant; tels sont la chouette et le hibou ; on les appelle des oiseaux de proie *nocturnes*.

CHAPITRE VII

LES ANIMAUX A PEAU NUE (REPTILES).

54. Comparaison du lézard avec le chat et la poule. — Si nous examinons un lézard (fig. 58) nous pouvons remarquer d'abord qu'il n'est ni recouvert de poils comme le chat, ni recouvert de plumes comme la poule.

C'est un animal à peau nue.

Mais ce n'est pas la seule différence importante que présente le lézard avec les mammifères et avec les oiseaux.

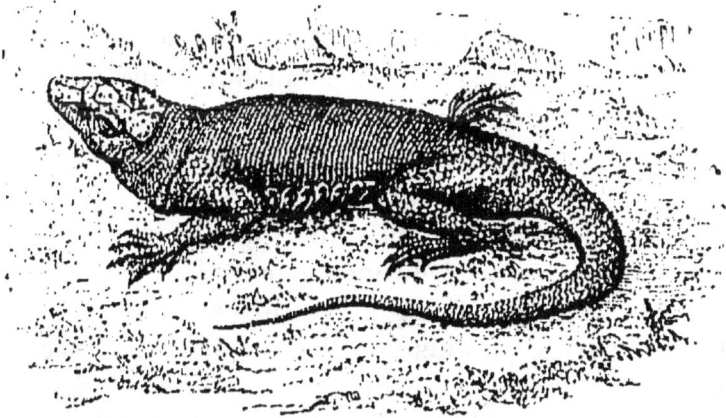

Fig. 58. Lézard.

Par ce caractère, nous pourrions, en effet, confondre le lézard avec les mammifères à peau nue, tels que la baleine et le dauphin dont nous avons parlé, qui n'ont que quelques poils lorsqu'ils sont très jeunes.

Cherchons d'autres différences.

Le lézard n'a pas les membres antérieurs disposés pour voler, comme les ailes de la poule, et les petits du lézard ne sont jamais allaités comme ceux du chat.

Le lézard a les quatre pattes disposées pour marcher ; mais elles sont très courtes, et ne suffisent pas pour élever complètement son corps au-dessus du sol ; le corps traîne en partie. L'animal rampe sur terre.

Mais on peut observer encore chez le lézard un caractère important qui le sépare à la fois des oiseaux et des mammifères.

55. Animaux appelés chauds. Corps à température invariable. — Si l'on caresse un lapin ou un chat, en dehors d'une habitation, en hiver, lorsqu'il fait très froid, on éprouve une sensation de chaleur: l'animal est chaud, quoique l'air soit très froid autour de lui. On observe même cette chaleur des mammifères dans les conditions ordinaires de température. Il en est de même si l'on prend dans ses mains un pigeon, une poule, un oiseau quelconque; tandis qu'à côté d'eux une pierre, une plante sont très froides, le corps de ces oiseaux est chaud.

Au contraire, par un soleil brûlant, dans les plus fortes chaleurs de l'été, si l'on met un doigt au contact d'une pierre ou d'un objet quelconque au soleil, on a une sensation brûlante; puis, si l'on place ce doigt immédiatement après dans la bouche d'un chat ou d'un chien, on trouvera qu'elle est plus froide que l'objet qu'on vient de toucher. Il en serait de même pour les oiseaux.

Ainsi les mammifères et les oiseaux ont la propriété d'avoir leur corps plus chaud que l'air, dans les conditions ordinaires de température, et lorsqu'il fait très froid; au contraire, lorsqu'il fait une chaleur étouffante, comme au soleil par certains jours de l'été, ou dans les pays chauds comme l'Afrique, le corps de ces animaux est relativement moins chaud.

L'intérieur de leur corps a une chaleur qui est en effet toujours la même.

Dans nos pays, comme en général cette température est plus élevée que celle de l'air au milieu duquel ils vivent, on les appelle ordinairement *animaux chauds*.

Il serait préférable de les appeler des animaux à

température invariable pour exprimer que leur chaleur intérieure est toujours la même, quels que soient le froid ou le chaud de l'extérieur.

56. Animaux appelés froids. Corps à température variable — Si l'on touche un lézard pendant l'hiver, on aura la sensation d'un corps froid, comme en touchant une pierre qui serait à côté de lui. Au contraire, pendant les chaleurs les plus fortes, son corps paraîtra aussi chaud, aussi brûlant que les objets voisins.

Ainsi donc, le lézard ne présente pas du tout cette propriété d'avoir l'intérieur du corps à une température constante. Tout son corps s'échauffe ou se refroidit en même temps que l'air, les pierres, les plantes qui sont autour de lui. Aussi l'activité de ces animaux est très variable. Lorsqu'il fait froid, les lézards restent immobiles et respirent très lentement. Lorsqu'il fait chaud, leur respiration est plus active et on peut les voir courir.

On dit quelquefois, pour exprimer ce caractère, par opposition au précédent, que le lézard est un *animal froid;* mais nous venons de voir que s'il est froid quand il fait froid, il est au contraire très chaud lorsqu'il fait très chaud. Nous dirons, avec plus d'exactitude, que le lézard est un animal à *température variable*, pour exprimer que la température de son corps varie avec celle de l'air ou du sol.

Nous trouvons donc là une nouvelle différence :

Tous les animaux dont nous nous sommes occupés jusqu'à présent (mammifères et oiseaux), sont des animaux chauds, ou mieux, à température invariable.

Le lézard est un animal froid, ou plus exactement, à température variable.

57. Ressemblances entre le lézard et la couleuvre. Animaux à peau nue (Reptiles). — Un serpent, tel qu'une couleuvre qu'on peut rencontrer rampant sur le sol, diffère beaucoup en apparence du lézard, quoiqu'il y ait dans la forme générale de la tête une certaine analogie.

En quoi ces animaux peuvent-ils se ressembler ?

Voyons si nous ne trouverons pas de caractères communs entre ce lézard qui a quatre pattes, et cette couleuvre qui n'a aucun membre.

D'abord, le serpent a la peau nue comme le lézard; nous n'y trouvons ni poils, ni plumes.

Nous pourrions observer aussi que la couleuvre reste toujours immobile lorsqu'il fait froid, et peut se déplacer rapidement, au moins à certains intervalles, dans la belle saison. On peut, du reste, s'assurer que le corps de la couleuvre se refroidit lorsqu'il fait froid, et s'échauffe lorsqu'il fait chaud. C'est aussi un animal à température variable.

La couleuvre n'allaite pas ses petits, ce qui l'éloigne encore des mammifères; elle n'a aucune trace d'aile, ce qui l'empêche de ressembler aux oiseaux.

Enfin, nous avons dit que le lézard rampe sur le sol ; il s'avance par une suite de mouvements de gauche à droite, puis de droite à gauche; ce caractère est encore plus net chez la couleuvre qui n'a pas de pattes et qui se déplace successivement à droite et à gauche, en rampant sur le sol.

Les serpents, les crocodiles, les lézards sont tous des animaux à peau nue, à température variable ; à cause de leur démarche rampante, on a appelé ces animaux des reptiles.

Pour les distinguer des oiseaux ou des mammifères, nous les appellerons donc *animaux à peau nue* ou *reptiles*.

58. Tortue. — Voici une tortue. Cet animal présente au premier abord un aspect absolument différent de celui que nous offre l'un quelconque des animaux que nous avons observés jusqu'à présent. Nous lui trouvons une partie très dure, et qu'on appelle la *carapace*, recouvrant tout son corps, sauf la tête et les pattes qui peuvent venir s'y abriter pour être protégées par elle.

La tortue est-elle un animal à os ou un vertébré ?

Ne ressemble-t-elle pas plus, au contraire, à l'écrevisse

qui, nous l'avons vu, est recouverte aussi à l'extérieur par des parties dures, par une carapace qui la protège?

Observons cette tortue avec soin, nous allons reconnaître que les différences si grandes qu'elle présente tout d'abord avec les autres vertébrés, sont plus apparentes que réelles.

Prenons une tortue dont on a enlevé toutes les parties molles, et retirons la portion inférieure de la carapace afin de voir si nous trouvons des pièces solides à l'intérieur (fig. 59).

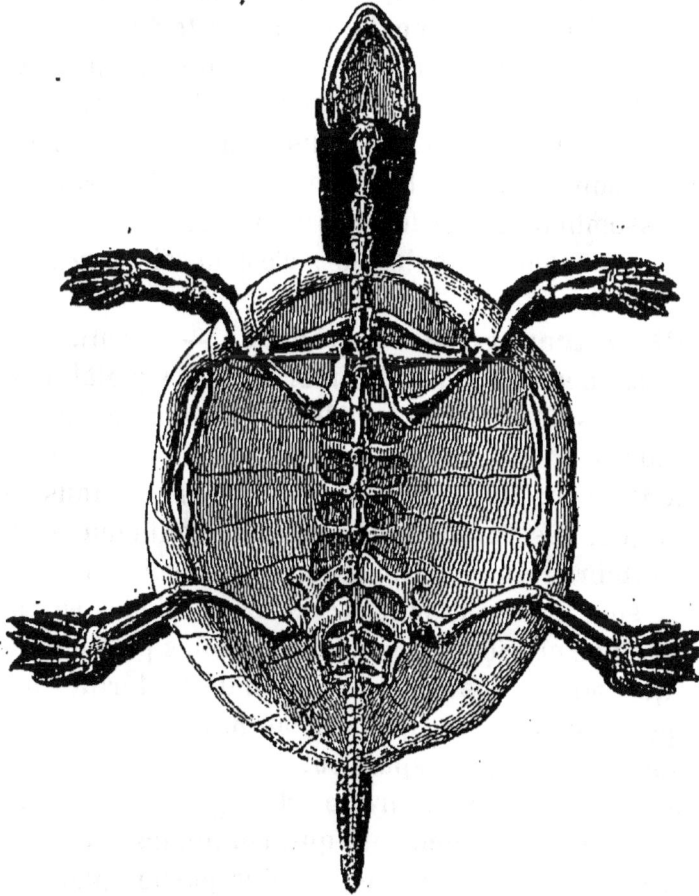

Fig. 59. Squelette de tortue dont on a enlevé le *plastron*.

Nous nous apercevons que la tortue renferme une charpente osseuse, nous voyons que les différents os des pattes viennent se rattacher à une longue série de vertèbres qui va depuis le cou jusqu'à l'extrémité de la queue.

En ouvrant une écrevisse, nous ne trouverions rien de semblable; il n'y a pour ainsi dire dans l'intérieur de sa carapace que des parties molles; on n'y trouve aucune trace de vertèbres.

Ainsi donc, la tortue est bien un animal à os, un vertébré.

Son corps n'est ni recouvert de poils, ni recouvert de plumes; il se refroidit lorsqu'il fait froid et il se réchauffe quand il fait chaud; il est à température variable comme celui du lézard. Comme le lézard, la tortue se déplace en rampant sur le sol, par des mouvements obliques, successivement de droite à gauche et de gauche à droite.

Pour toutes ces raisons, nous pouvons reconnaître que, malgré son apparence toute particulière, la tortue offre plus de ressemblance avec le lézard qu'avec tous les autres animaux que nous connaissons : c'est aussi un *reptile*.

59. Carapace de la tortue. — Continuons notre examen; cherchons à retrouver dans le squelette de tortue les parties fondamentales de la charpente osseuse des vertébrés.

Nous avons déjà reconnu les vertèbres, nous pouvons distinguer les vertèbres du cou qui soutiennent la tête et les vertèbres du dos. Regardons ces dernières de plus près. Elles sont assez allongées; chacune d'elles se prolonge vers le dos et vient se souder à une des plaques qu'on remarque sur le dos de la carapace de la tortue; autant de plaques sur la ligne qui est au milieu du dos, autant de vertèbres qui y correspondent.

De chaque côté, à droite et à gauche, ces vertèbres offrent des prolongements qui, confondus avec les côtes, vont se développer en une certaine partie aplatie, directement recouverte par la peau durcie.

En haut, nous pouvons reconnaître les os de l'épaule qui viennent se souder en avant avec la partie inférieure de la carapace. Cette partie qu'on appelle le *plastron*, est aussi formée par l'os de la poitrine, aplati, soudé avec les côtes, et recouvert par la peau durcie.

Nous pouvons conclure de cette étude, que la carapace de la tortue n'est pas formée par un organe spécial. C'est une partie du squelette soudée à la peau épaissie, qui est disposée de cette singulière façon pour protéger l'animal.

60. Tête et membres de la tortue. — La tête de la tortue est, on le sait, très mobile; lorsque l'animal dort ou lorsqu'il craint quelque danger, il peut rentrer sa tête entre les deux bords saillants de sa carapace.

La tête est très petite par rapport au reste du corps. La mâchoire supérieure immobile et la mâchoire inférieure mobile ne présentent aucune trace de dents. Elles soutiennent les deux pièces d'une sorte de bec corné comme celui des oiseaux, mais très coupant et très solide. La tortue s'en sert pour couper les tiges ou les feuilles des plantes dont elle fait sa nourriture.

En examinant les pattes de la tortue, nous pourrons reconnaître que, comme chez le lézard, les membres antérieurs et les membres postérieurs sont à peu près semblables, et trop courts pour soulever le corps tout à fait au dessus du sol.

Regardons les os qui soutiennent l'une de ces pattes, une patte de devant par exemple (fig. 59). Nous y trouvons l'os du bras se rattachant aux os de l'épaule, les deux os de l'avant-bras, ceux des poignets et des cinq doigts.

61. Tortues marcheuses, tortues nageuses. — La tortue ordinaire dont nous venons de parler marche généralement sur le sol; ses doigts sont séparés et se terminent par des ongles pointus.

Il existe aussi d'autres espèces de tortues, telles que celles qu'on nomme carets, et qui sont disposées pour nager dans l'eau de la mer. Nous pouvons le reconnaître en examinant une de leurs pattes (fig. 60).

Nous voyons, en effet, que tous les doigts sont réunis

entre eux. C'est à peine si l'on peut reconnaître, à l'extérieur, la trace de deux doigts.

Ainsi, le caret est une tortue disposée pour nager ; ses quatre membres aplatis lui servent de rames pour se déplacer dans l'eau.

62. Couleuvres. Reptiles sans membres : Serpents. — Une couleuvre est encore un animal très différent d'un lézard. Elle ne présente aucune trace de membres, tandis que, jusqu'à présent, tous les vertébrés que nous avons examinés en avaient ordinairement quatre, ou au moins deux, comme le dauphin et la baleine.

Fig. 60. Patte de tortue marine (caret), disposée pour nager. On ne voit que les ongles de deux des doigts.

Cependant, nous avons trouvé des ressemblances entre le lézard, la tortue et la couleuvre. Nous avons vu que la couleuvre est aussi à peau nue, sans poils ni plumes ; c'est aussi un animal à température variable ; l'intérieur de son corps se refroidit l'hiver et se réchauffe l'été ; elle peut s'engourdir par la grande chaleur comme par le froid.

La couleuvre rampe plus encore que les lézards et les tortues, car elle n'a pas de membres pour soulever son corps au-dessus de la terre.

La vipère, le boa sont aussi des reptiles sans membres ; on les nomme en général des *serpents*.

63. Squelette de la couleuvre. — Examinons, maintenant, le squelette de la couleuvre (fig. 61). Nous

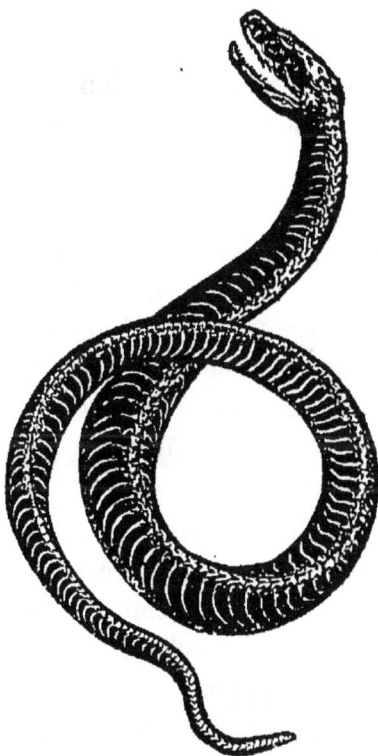

Fig. 61. Squelette de couleuvre.

trouverons les os disposés d'une manière très uniforme. Il n'y a pas trace des os de l'épaule, du bassin, des membres antérieurs ou des membres postérieurs. Nous ne voyons rien que la longue file des vertèbres s'étendant de la tête à la queue en soutenant un grand nombre de côtes. Nous ne trouverons même pas de distinction entre les vertèbres du cou et celles du dos, car toutes les vertèbres, sauf celles de la queue, portent des côtes. Nous pouvons remarquer aussi que ces côtes ne sont pas réunies en avant par un os de la poitrine.

On peut observer que les vertèbres de ce serpent sont extrêmement mobiles de côté, à droite ou à gauche. Ceci nous fait comprendre pourquoi les serpents rampent en courbant leur corps latéralement, et non pas en l'élevant ou en l'abaissant.

En résumé, le squelette d'un serpent est réduit à la tête, à la série des vertèbres et aux côtes.

Ceci nous montre déjà que, chez les animaux à os, les membres peuvent manquer, tandis que les vertèbres ne font jamais défaut.

64. Mâchoires des serpents, organisées pour avaler de grosses proies. — Les serpents, comme la couleuvre, qui ont un corps très étroit, peuvent cependant avaler des animaux beaucoup plus gros qu'eux, tels que de grosses grenouilles; nous comprendrons comment cela est possible en examinant la disposition spéciale que présentent les mâchoires d'un serpent.

Regardons la mâchoire inférieure (fig. 62) : nous verrons qu'au lieu d'être soutenue par un seul arc osseux, comme dans tous les animaux que nous avons déjà vus, elle se compose de deux os distincts, l'un à droite, l'autre à gauche, qui ne sont pas réunis en avant.

Ces deux os peuvent s'écarter des deux côtés et la bouche acquiert d'énormes dimensions, de façon à pouvoir engloutir d'un coup des proies relativement très grandes.

65. Dents de la couleuvre. — Les os de la mâchoire inférieure, ainsi que plusieurs os de la mâchoire supérieure, sont munis, chez la couleuvre, de nombreuses dents pointues, recourbées en arrière (fig. 62), toutes à peu près de même forme, comme celles du lézard.

Ces dents ne servent ni à couper ni à broyer; elles

ont seulement pour rôle de retenir la proie dans la bouche
au moment où le serpent va l'avaler.

Fig. 62. Os et dents de la tête de couleuvre. — La mâchoire inférieure
est formée par deux os distincts, qui ne sont pas réunis en avant.

**66. Crochets de la vipère; venin, serpents veni-
meux.** — Si l'on examine de même les mâchoires d'une
tête de vipère (fig. 63), on observe, vers le milieu de la

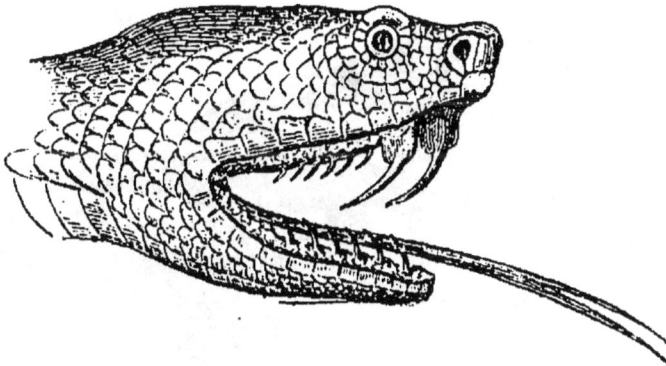

Fig 63. Tête de vipère portant les crochets à venin sur la
mâchoire supérieure.

bouche, à la partie supérieure, des dents beaucoup plus
grandes que les autres. Ces dents sont mobiles et peuvent
être portées en avant. En outre, elles sont creusées en
un tube qui vient aboutir à l'extrémité pointue de la dent.
C'est par ce tube que peut sortir, à la volonté de l'animal,
un liquide venimeux dont il se sert pour paralyser ou
pour tuer les animaux dont il se nourrit.

On nomme *crochets* ces sortes de dents à venin.

Quant à la languette effilée qui sort de la bouche et qu'on nomme souvent le dard, tous les serpents la possèdent. C'est leur langue et elle ne peut en rien leur servir pour blesser.

La vipère est un serpent venimeux très dangereux ; c'est le plus répandu en France.

67. Divers modes de vie des reptiles. — Comme nous venons de le voir, tous les reptiles, lorsqu'ils marchent sur le sol, sont des animaux plus ou moins *rampants*, soit qu'ils n'aient pas de membres, soit qu'ils possèdent des pattes assez courtes.

Mais nous avons vu qu'il existe aussi des reptiles *nageurs*; telles sont les tortues de mer dont nous avons parlé.

Quelques-uns peuvent être *grimpeurs*, tout en étant rampants : tel est un reptile voisin des lézards, qu'on trouve en Algérie, le *caméléon* (fig. 64), bien connu pour les bizarres

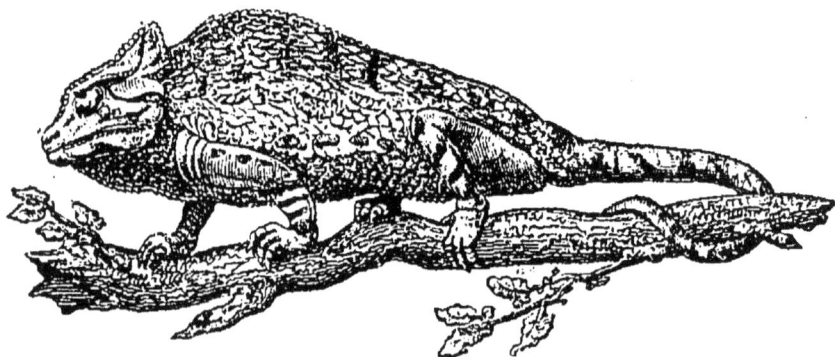

Fig. 64. Caméléon.

changements de couleur de sa peau. Le caméléon peut, en effet, grimper en s'aidant de ses griffes pointues et de sa queue qui s'enroule autour des branches (1).

(1) Autrefois il existait aussi des reptiles *volants* et des reptiles tout à fait disposés pour vivre toujours dans l'eau, comme les chauves-souris, et les cétacés parmi les mammifères. On en retrouve les squelettes conservés dans le sol.

Quant aux diverses manières dont les reptiles se nourrissent, nous avons vu qu'elles étaient très variables.

Les uns sont *carnivores*, comme les serpents, et sont
munis de dents nombreuses ou même de crochets à venin,
disposés pour tuer les animaux.

D'autres sont *mangeurs d'herbes*, comme la tortue ordinaire, qui a un bec corné dont elle se sert pour couper
les végétaux, sans aucune dent.

Les lézards et les caméléons se nourrissent surtout d'insectes : ils sont *insectivores*. Ces reptiles chassent,
pour ainsi dire, à l'affût ; ils se tiennent immobiles sur
les roches ou les branches, et attaquent tout à coup un
insecte avec leur langue. Le caméléon offre même une disposition toute spéciale dans ce but ; il peut projeter subite-
ment sa langue qui est très longue à une certaine distance en
dehors de sa bouche, en visant l'insecte qu'il veut attraper.

68. Résumé. — Les animaux dont nous venons de
parler sont appelés *reptiles*.

Leurs principaux caractères sont les suivants : ils ont la
peau dépourvue de poils ou de plumes.

Leur corps se refroidit ou se réchauffe, quand l'air qui
les entoure se refroidit ou se réchauffe. On dit que ce sont
des *animaux froids*, par opposition aux oiseaux et aux
mammifères, dont la température intérieure est invariable
et qu'on nomme *animaux chauds*.

Enfin, pas plus que les oiseaux, les reptiles n'allaitent
leurs petits.

Ils peuvent avoir des formes très différentes :

Les *lézards* ont quatre membres assez courts, à peu près
semblables, la mâchoire munie de dents ; ils se nourrissent
d'insectes.

Les *tortues* modifient une partie de leur squelette et
épaississent leur peau de manière à se former une carapace
protectrice ; elles ont un bec corné, sans dents et se nourrissent de végétaux.

Les *serpents* n'ont pas de membres et sont ordinairement carnivores ; leurs mâchoires sont munies de dents, la

mâchoire inférieure est formée de deux pièces qui peuvent s'écarter pour élargir la bouche et permettre à l'animal d'avaler de grosses proies; certains d'entre eux ont des dents spéciales (crochets à venin) qui leur servent à attaquer les animaux dont ils font leur nourriture.

Comme l'indique leur nom, les reptiles sont ordinairement des animaux *rampants*. Quelques-uns cependant sont *nageurs*, comme les tortues de mer, ou *grimpeurs*, comme le caméléon.

CHAPITRE VIII.

ANIMAUX A PEAU NUE, QUI PRÉSENTENT DES CHANGEMENTS DE FORME EXTÉRIEURE (BATRACIENS).

69. Grenouille. — Si nous examinons une grenouille, auxquels des animaux que nous avons vus trouvons-nous qu'elle ressemble le plus? Elle n'a ni poils ni plumes, sa peau est nue. Elle n'allaite pas ses petits. On pourrait constater que son corps se refroidit lorsqu'il fait froid et se réchauffe lorsqu'il fait chaud. Nous pouvons ainsi reconnaître à la grenouille les principaux caractères des reptiles.

70. Têtard. — Dans l'eau du fossé ou de l'étang où nous avons vu des grenouilles, on trouve aussi de petits animaux noirs qui nagent au milieu de l'eau, bien connus sous le nom de têtards (voyez fig. 72).

C'est encore un animal à peau nue, mais il n'a pas de membres comme la grenouille et possède une longue queue, tandis que la grenouille n'en a pas.

Le têtard s'éloigne, par un caractère encore plus important, de tous les animaux que nous connaissons maintenant. Si on place des têtards dans un vase plein d'eau, où l'eau se renouvelle par un courant, et si on les empêche, au moyen d'une toile métallique, par exemple, de venir jusqu'à la surface, on pourra les conserver vivants.

C'est-à-dire qu'ils peuvent rester toujours dans l'eau;

ils peuvent *respirer dans l'eau*. Il en serait de même des poissons.

Au contraire, l'un quelconque des animaux que nous connaissons, même les plus aquatiques : le dauphin, le manchot, la tortue de mer ou la grenouille, ne pourra rester ainsi dans l'eau indéfiniment. Au bout d'un certain temps, il faudra qu'il vienne respirer à la surface de l'eau, dans l'air libre; ces animaux *ne peuvent pas respirer dans l'eau;* ils ne peuvent respirer que dans l'air.

Ainsi, le têtard a la faculté de pouvoir respirer dans l'eau; si on le retire de l'eau pour le mettre à l'air, il ne peut plus respirer et il meurt; il en est de même des poissons.

Au contraire, un mammifère, un oiseau ou un reptile respire dans l'air; si on le plonge longtemps dans l'eau, il ne peut plus respirer et il meurt.

Par ce caractère important, nous voyons que le têtard ressemble plus à un poisson qu'à tout autre animal.

En somme, la grenouille et le têtard sont des animaux à peau nue, qui présentent de très nombreuses différences :

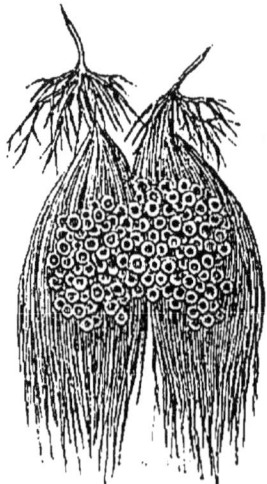

Fig. 65. Œufs de grenouille retenus par les herbes dans un fossé.

le premier ressemble aux reptiles dont nous venons de parler, le second ressemble plutôt aux poissons.

71. Développement de l'œuf de la grenouille. — Dans le même fossé près duquel nous sommes, nous pourrons remarquer, dans certains endroits, des masses de petits corps ronds placés à côté les uns des autres, qui sont retenus au milieu de l'eau par les herbes du fossé (fig. 65). Ce sont des œufs de grenouille.

Voyons ce que deviennent ces œufs lorsqu'ils se développent. L'on voit d'abord l'œuf (fig. 66) se diviser en

Fig. 66. Un œuf de grenouille (la figure le représente agrandi).

deux (fig. 67), puis en un grand nombre de petites masses

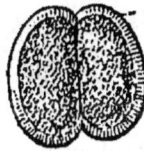

Fig. 67. Œuf de grenouille se divisant en deux (grossi).

(fig. 68). Au bout de quelques jours, si les conditions sont

Fig. 68. Œuf se divisant en un grand nombre de parties (grossi).

favorables, nous pourrons apercevoir l'un d'entre eux qui a changé de forme. Il a grossi un peu et présente une fente au milieu, avec deux moitiés semblables, comme le représente la figure 69. Continuons à suivre le développement qui peut ici se voir à l'extérieur, beaucoup plus facilement que celui de l'œuf de poule.

La forme du corps qui se produit change peu à peu, s'allonge et se recourbe et finit par ressembler à celui d'un

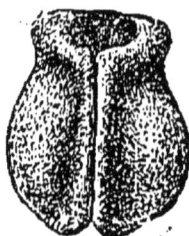

Fig. 69. Suite du développement de l'œuf (grossi).

petit poisson (fig. 70). Puis l'animal se débarrasse des

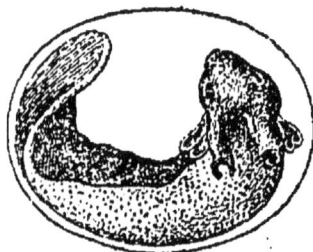

Fig. 70. Têtard au moment de l'éclosion.

membranes qui l'entourent et se met à nager dans l'eau : c'est un petit têtard.

Ainsi les œufs de grenouille produisent, en se développant, un têtard.

Que va devenir ce têtard en avançant en âge? C'est ce qu'il s'agit d'observer maintenant.

Si nous le plaçons seul dans un petit aquarium où nous

Fig. 71. Très jeune têtard.

pouvons venir l'examiner tous les jours, nous verrons que ce têtard change de forme et grossit peu à peu. Il

avait d'abord des deux côtés de la tête de petits panaches
flottants dans l'eau (fig. 71) (1); puis ces panaches se

Fig. 72. Têtard.

flétrissent et tombent (fig. 72); mais le têtard peut encore
respirer dans l'eau.

Les yeux ont apparu au bout de deux semaines.

Nous verrons ensuite que le corps devient relativement
plus grand par rapport à la queue. Peu de temps après
l'apparition des yeux, on voit poindre deux petites proé-
minences qui formeront les membres postérieurs; deux
semaines encore après, les pattes de devant se développent (fig. 73), en même temps que la queue devient
plus petite par rapport au corps.

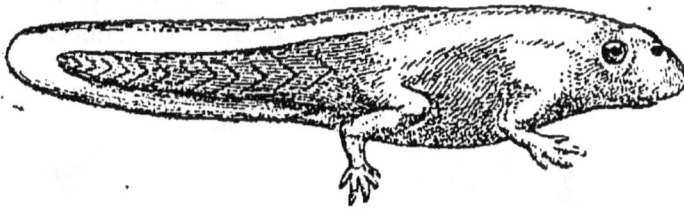

Fig. 73. Têtard âgé se transformant en grenouille.

Enfin, au bout de six semaines environ, la peau du têtard se fend sur le dos, et nous en voyons sortir un animal qui ressemble déjà presque complètement à une grenouille. Il conserve encore pendant quelque temps une
queue qui finit par disparaître. Le têtard s'est transformé
peu à peu en une grenouille (fig. 75).

Nous découvrons ainsi que ces deux animaux si peu
semblables, le têtard et la grenouille, ne sont qu'un seul et

_____

(1) Branchies externes.

même être à deux âges différents; *le têtard est une jeune grenouille.*

72. Crapaud, Triton. — Animaux à changements de forme extérieure (batraciens.) — Les changements de forme successifs que présente la grenouille depuis son œuf jusqu'à ce qu'elle ait acquis son état définitif, ont été nommés les *métamorphoses* de la grenouille. On dit que la grenouille est un animal à métamorphoses, c'est-à-dire un animal dont le corps change complètement de forme extérieure pendant son développement.

Ainsi donc, la grenouille, qui ressemble tant à un reptile, en diffère par ce caractère important; car un reptile tel qu'un jeune lézard sortant de l'œuf n'est pas disposé pour respirer dans l'eau comme le têtard de grenouille.

La grenouille jeune respire dans l'eau comme un poisson; la grenouille développée respire dans l'air comme un reptile.

Il existe d'autres animaux à peau nue qui présentent ce caractère. Le crapaud, qu'on trouve ordinairement sautant sur le sol, le triton (fig. 74), qu'on peut rencontrer dans

Fig. 74. Triton.

les fossés ou les étangs, comme les grenouilles, ressemblent à des têtards lorsqu'ils sont jeunes, et peuvent alors rester complètement dans l'eau, sans venir respirer à l'air libre.

Pour les distinguer des reptiles, nous appellerons *batraciens* tous les animaux à peau nue, qui respirent dans l'eau comme les poissons, lorsqu'ils sont jeunes et qui, sous une forme différente, respirent dans l'air comme les reptiles, lorsqu'ils sont plus âgés.

La grenouille, le crapaud, le triton, sont des batraciens.

73. Squelette de grenouille. — La grenouille est,
comme les reptiles, un animal à os. Regardons son squelette, qui offre quelques particularités spéciales (fig. 75).
Jusqu'à présent, les squelettes de tous les vertébrés que

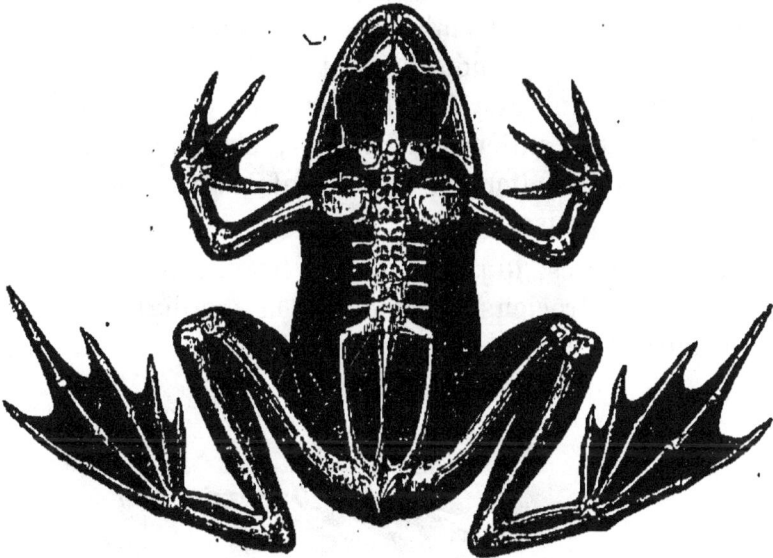

Fig. 75. Squelette de grenouille.

nous avons considérés, avaient des côtes; celui de la
grenouille n'en a pas.

La colonne vertébrale, les os des membres antérieurs
et postérieurs sont faciles à distinguer.

Les os du bassin sont étroits et allongés; les membres
postérieurs sont beaucoup plus longs que les antérieurs,
ce qui est en rapport avec la manière dont la grenouille
se déplace en sautant.

Dans ces membres postérieurs, deux des os du pied
sont allongés comme ceux de la jambe et de la cuisse,
ce qui leur donne une forme toute spéciale.

71. Diverses manières d'être des batraciens. —
Le crapaud, comme la grenouille, s'avance en sautant;
comme elle, il a les membres postérieurs repliés sur
eux-mêmes et beaucoup plus longs que les membres
antérieurs. Le crapaud et la grenouille sont des batraciens
sauteurs.

Le crapaud se déplace presque toujours sur le sol, tandis que la grenouille nage très souvent dans l'eau.

Quelle différence trouverons-nous dans la manière dont
est construite l'extrémité de leurs membres? Les doigts
des pieds de la grenouille sont reliés entre eux, à la base,
par une membrane (fig. 75), tandis que ceux du crapaud
sont presque entièrement libres; c'est pourquoi la grenouille nage facilement et souvent; elle est à la fois sauteuse et nageuse.

Les rainettes, qui ressemblent beaucoup aux grenouilles,
sont des batraciens *grimpeurs*. On distingue à l'extrémité
de leurs doigts des pelotes visqueuses (fig. 76) qui leur

Fig. 76. Patte de rainette (petite grenouille qui peut monter sur les arbres).

permettent de se fixer sur les branches où elles vont
chercher les insectes.

Le triton se déplace en marchant ou nage avec agilité;
jamais il ne saute comme la grenouille et le crapaud;
aussi ses pattes de derrière sont-elles presque aussi petites que celles de devant (fig. 74).

Les salamandres terrestres, qui habitent les lieux humides des bois, ne sont, au contraire, presque jamais
dans l'eau, excepté à l'état de têtard; leurs membres sont
presque égaux: ce sont des batraciens *marcheurs* et *rampants*.

6

75. Résumé. — Les animaux à peau nue et à changements de forme extérieure, appelés *batraciens*, que nous venons d'étudier, se distinguent aux caractères suivants :

Lorsqu'ils sont jeunes, ils ne peuvent respirer que complètement plongés dans l'eau ; ils se nourrissent, en général, de substances végétales ; on dit qu'ils sont à l'état de *têtards*.

Lorsqu'ils sont plus âgés, ils respirent à l'air libre et ne peuvent rester toujours sous l'eau ; ils se nourrissent alors, le plus souvent, de substances animales : insectes, vers, limaces, colimaçons, etc.

Ces changements de forme et de manière de vivre les distinguent des reptiles.

Ils ont encore d'autres caractères spéciaux. Leurs côtes ne sont pas développées ou le sont à peine. La tête de ces animaux est toujours aplatie, la bouche largement fendue. La langue, au contraire de ce qu'on observe chez les autres animaux, est ordinairement attachée par devant, au bord de la mâchoire et libre dans sa partie profonde.

La grenouille, la rainette, le crapaud, le triton, la salamandre sont des batraciens.

CHAPITRE IX

POISSONS

76. Perche, carpe ; poissons. — Voici une perche
(fig. 77). Nous pouvons remarquer que son corps n'est re-

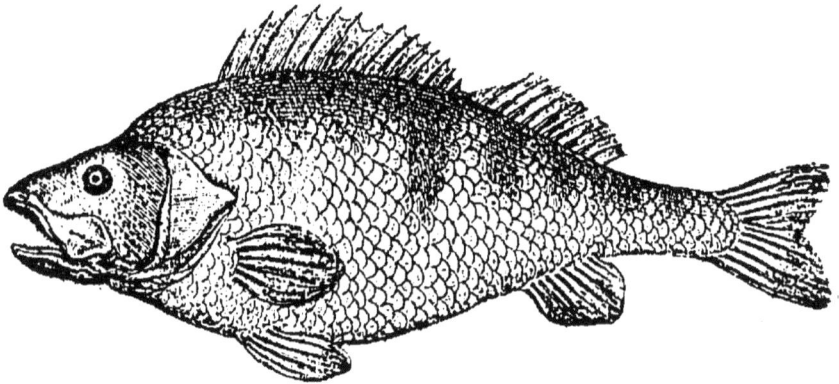

Fig. 77. Perche.

couvert ni de poils ni de plumes ; la peau n'est pas, comme
celle des reptiles et des batraciens, nue et molle ou durcie
en plaques aplaties.

Regardons-la de près : nous y apercevons de vraies
écailles, c'est-à-dire des portions durcies qui peuvent être
arrachées à la main ; les écailles de cet animal se recouvrent
l'une l'autre régulièrement, comme les tuiles d'un toit.

Ainsi que le têtard que nous avons étudié dans le chapitre précédent, cette perche peut rester sous l'eau ; elle
est disposée pour respirer dans l'eau. On peut voir à

l'extérieur les parties qui renferment les organes respiratoires; ils sont situés, comme chez le têtard, à droite et à gauche, un peu en arrière de la tête. Lorsqu'on retire une perche de l'eau pour la déposer à terre au milieu de l'air, on voit ces organes faire des mouvements rapides; bientôt desséchés, ils ne peuvent plus fonctionner, et, au bout d'un certain temps, la perche meurt; elle ne peut pas respirer dans l'air.

Mais, tandis que le têtard, en avançant en âge, se transformait en grenouille pour devenir un animal respirant dans l'air, la perche ne change pas de forme et reste toute sa vie au milieu de l'eau.

La perche est donc un animal dont la peau est recouverte d'écailles, et qui, pendant toute sa vie, respire au milieu de l'eau; elle ne peut respirer dans l'air.

La carpe présente les mêmes caractères. Nous appellerons ces animaux des *poissons*.

La carpe, la perche, l'anguille sont des poissons.

77. Comparaison du dauphin (mammifère), avec la perche (poisson). — Pour mieux comprendre les différences importantes qui existent entre un poisson et l'un des animaux que nous connaissons, prenons parmi eux celui qui ressemble le plus à un poisson, le dauphin (fig. 78), et comparons-le avec la perche.

Le dauphin a tout à fait la forme d'un poisson, au premier abord. Cependant, une différence bien visible existe dans la disposition de la queue. Chez cette perche et chez les poissons en général, nous voyons que la queue est disposée de haut en bas, aplatie sur les côtés; au contraire, chez le dauphin comme chez la baleine et les mammifères nageurs, la queue est aplatie en travers (fig. 78).

Cherchons si cette différence de disposition n'est pas en rapport avec les manières différentes dont respirent le dauphin et la perche.

Comment nage le dauphin?

Nous savons qu'il ne peut pas rester longtemps sous

l'eau, il est dans la nécessité de venir souvent à la surface pour respirer l'air directement au-dessus de l'eau.

Lorsqu'un dauphin vient ainsi à la surface, on entend le bruit de sa forte respiration; puis on le voit se replonger dans l'eau.

Or, comme le dauphin est obligé de venir de temps en temps respirer à l'air libre, il suit dans l'eau un trajet sinueux, tantôt remontant pour atteindre l'air à la surface de la mer, tantôt s'enfonçant pour remonter bientôt et ainsi de suite. La plupart de ses efforts sont employés à le faire monter ou descendre; une queue aplatie sur les côtés, comme celle de la perche, ne lui serait d'aucune utilité dans ce mouvement, tandis qu'une queue aplatie horizontalement est parfaitement disposée à cet effet.

La perche, qui respire dans l'eau, reste presque toujours au-dessous de l'eau; aussi elle ne nage pas à la manière du dauphin, en décrivant de haut en bas et de bas en haut une courbe sinueuse: elle peut se déplacer en ligne droite pour aller d'un point à un autre.

Ainsi, cette diversité de forme est en relation avec la différence que ces animaux présentent dans leur manière de respirer.

Le dauphin a la queue aplatie en travers; il respire dans

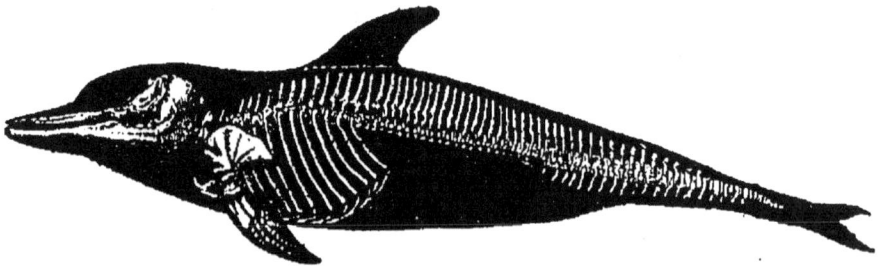

Fig. 78. Squelette de dauphin (mammifère).

l'air et ne peut rester très longtemps plongé au milieu de l'eau sans mourir; nous avons vu, en outre, qu'il allaite ses petits: c'est un *mammifère*.

La perche a la queue aplatie sur les côtés; elle respire dans l'eau et ne peut rester très longtemps au milieu de l'air sans mourir; elle n'allaite pas ses petits; elle pond des œufs d'où les petits sortent pour se développer et aller prendre leur nourriture sans l'aide de leur mère: c'est un *poisson*.

Nous sommes donc maintenant bien convaincus que, malgré les premières apparences extérieures, le dauphin et la baleine ne sont pas des poissons.

En examinant leurs os nous trouverons aussi d'autres différences.

78. Squelette de la perche. — On sait que la perche est encore un animal à os. On trouve à l'intérieur de son corps des parties dures qu'on nomme quelquefois les grandes arêtes (1).

Considérons le squelette formé par l'ensemble de ces os (fig. 79).

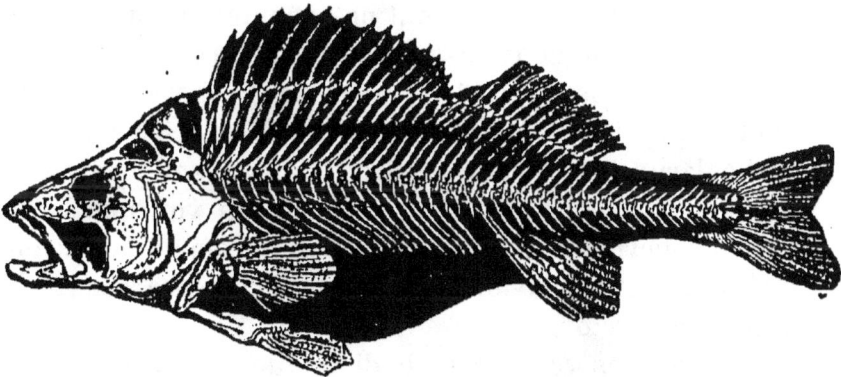

Fig. 79. Squelette de perche (poisson).

Nous n'y trouvons pas de membres antérieurs et postérieurs nettement indiqués. Des prolongements osseux qui se rattachent de diverses manières à la suite des vertèbres donnent naissance à des lamelles osseuses, allongées, disposées en éventail, qui soutiennent ce qu'on nomme les *nageoires;* tandis que le dauphin (fig. 78) n'offre pas une semblable disposition. On y reconnaît très bien les os de l'épaule du bras, de l'avant-bras et de la main.

---

(1) Les petites arêtes fines qu'on trouve dans la chair de beaucoup de poissons ne sont pas comparables aux os et ne se rattachent pas au squelette de l'animal. Ce sont des parties durcies des membranes qui enveloppent la chair.

Chez la perche, nous voyons deux paires de nageoires situées en avant (on n'en voit qu'une par paire sur la figure) ; une autre est placée plus en arrière, au-dessous et en avant de la queue ; une autre, longue et échancrée, s'étale sur le dos de l'animal ; enfin une dernière nageoire forme la queue aplatie de la perche.

Lorsqu'on regarde le poisson vivant dans l'eau, on s'aperçoit que les deux paires de nageoires situées en avant lui servent de rames pour se déplacer, tandis que les autres, surtout les nageoires de la queue, font office de gouvernail. Sa queue sert aussi beaucoup à la perche pour s'avancer au milieu de l'eau, elle la plie tantôt à droite, tantôt à gauche ; en se redressant elle frappe l'eau et pousse le corps en avant.

Revenons à l'examen de ce squelette de perche ; nous voyons que les côtes ne sont pas réunies par un os de la poitrine ; elles le sont au contraire chez le dauphin (fig. 78).

Quant aux os de la tête, nous nous apercevons qu'ils sont nombreux et compliqués. Signalons à ce sujet une particularité : lorsqu'on regarde un poisson ouvrant ou fermant la bouche au milieu de l'eau, on voit que la mâchoire supérieure est en partie mobile comme la mâchoire inférieure ; nous n'avions jamais observé ce caractère chez les animaux à os.

La suite des vertèbres se distingue nettement, comme chez tous les animaux que nous avons déjà observés. La perche, les poissons sont bien encore des animaux *vertébrés*.

79. Diverses sortes de poissons. — Anguille; poissons rampants. — Regardons maintenant une anguille (fig. 180). Son aspect nous rappelle celui des serpents, et au premier examen, nous serions tentés de ranger l'anguille parmi les reptiles.

Mais comparons à cette anguille un serpent, tel qu'une couleuvre ; nous ne tarderons pas à trouver entre eux d'importantes différences.

Tout d'abord, nous pouvons observer que l'anguille a

deux nageoires en arrière de la tête, tandis que la couleuvre, nous le savons, n'en présente aucune trace. L'anguille a encore une large nageoire sur le dos et une autre longue nageoire située au-dessous et en arrière. En l'examinant de près, nous pourrions remarquer que sa peau est recouverte de petites écailles qui peuvent être détachées, tandis que les plaques qu'on observe sur la couleuvre sont simplement formées par la peau durcie.

Une différence plus importante encore, c'est que l'anguille peut rester au fond de l'eau et y respirer sans revenir à la surface; dans ces conditions, une couleuvre ne tarderait pas à succomber.

L'anguille est donc un animal dont la peau est recouverte d'écailles, qui est muni de nageoires et qui peut respirer en restant toujours au milieu de l'eau; ce n'est pas un reptile, c'est un *poisson rampant*.

L'anguille ne nage pas ordinairement au milieu de l'eau comme la perche ou la carpe; elle rampe dans la vase, au fond des étangs ou des rivières, à la recherche des petits poissons dont elle fait sa nourriture.

Puisque l'anguille rampe en se traînant sur son corps, pourra-t-elle avoir des nageoires à sa partie inférieure ? Évidemment non, car ces nageoires lui seraient inutiles, et s'écraseraient sous le poids de l'animal.

En effet, si nous comparons cette anguille (fig. 80) à

Fig. 80. Anguille.

cette perche (fig. 77), nous pouvons remarquer que la seconde paire de nageoires qu'on observe chez ce dernier poisson, au-dessous et en arrière de la tête, n'existe pas chez l'anguille.

L'anguille peut supporter pendant assez longtemps d'être au milieu de l'air, tandis que les autres poissons meurent bien vite lorsqu'on les retire de l'eau; elle va même parfois, la nuit, sur le sol du rivage, à la recherche des limaces.

80. Saumon, truite; poissons sauteurs. — Lorsqu'on est sur le bord d'un étang, on voit quelquefois des poissons qui sautent hors de l'eau pour attraper un insecte au vol; les carpes peuvent ainsi, par un violent coup de queue, faire des bonds au-dessus de la surface d'un étang.

Il existe certains poissons chez lesquels la queue est encore plus robuste et plus souple, et qui peuvent faire des bonds considérables. Les saumons, et surtout les truites, peuvent remonter par sauts les petites chutes d'eau et les courants rapides pour s'élever, jusqu'à atteindre les ruisseaux des hautes montagnes. Ce sont des poissons qui peuvent faire des sauts très élevés, des poissons *sauteurs*.

81. Poissons volants. — On peut rencontrer dans la Méditerranée, mais surtout dans les mers des contrées tropicales, des poissons tels que celui que représente la fig. 81. Les nageoires placées des deux côtés, en arrière

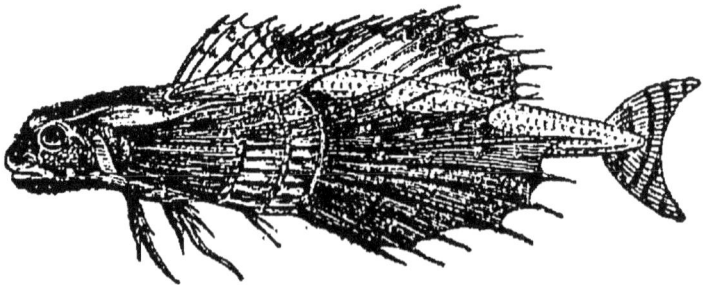

Fig. 81. Poisson dont les deux nageoires antérieures très développées peuvent servir d'ailes (poisson volant) (1).

de la tête, ont pris un énorme développement; c'est que chez ces poissons, elles peuvent faire fonction d'ailes.

---

(1) *Dactyloptères.*

Lorsqu'ils sont poursuivis par d'autres poissons qui
veulent les dévorer, ils cherchent à leur échapper en
s'élevant dans l'air où ils se maintiennent pendant quelque
temps. Leurs ennemis qui n'ont pas les nageoires aussi
développées, ne peuvent les poursuivre lorsqu'ils sont
sortis de l'eau.

Mais ces *poissons volants*, qu'on a souvent nommés hi-
rondelles de mer, ne volent pas dans l'air comme des oiseaux. Ils s'élancent violemment hors de l'eau par un
premier mouvement, puis disposent leurs nageoires de
façon à donner prise au vent qui les soulève alors pendant quelque temps, à la manière d'un cerf-volant.

**82. Diverses manières dont mangent les pois-
sons ; dents ; poissons carnivores, insectivores,
suceurs.** — La plupart des poissons se nourrissent d'animaux; ils sont en général très voraces.

Un grand nombre d'entre eux ont les mâchoires et même
toute la bouche munies de dents, mais ces dents (fig. 82),

Fig. 82. Dent de poisson (requin).

ne sont pas implantées dans les os par des racines; ordinairement elles sont terminées en pointe; aussi elles ne
leur servent pas à broyer en général, mais simplement
à retenir leurs proies. Les requins, qui sont des poissons
carnivores, ont ainsi les mâchoires et la bouche garnies
d'un très grand nombre de dents pointues, sur plusieurs
rangées. Ils ont les mâchoires assez fortes, les dents assez
solides pour couper un homme en deux.

Nous avons vu que la truite et le saumon sautaient facilement pour s'élever un instant hors de l'eau; c'est
qu'ils vont à la poursuite des insectes pour les happer ;
ils sont donc *insectivores*; mais ils peuvent se nourrir de
vers ou même de petits poissons, aussi ont-ils la bouche
munie de petites dents.

La lamproie (fig. 83), qu'on rencontre dans les rivières,
est un poisson allongé comme une anguille, dont la bouche est toute ronde et d'une seule pièce (fig. 84) au lieu

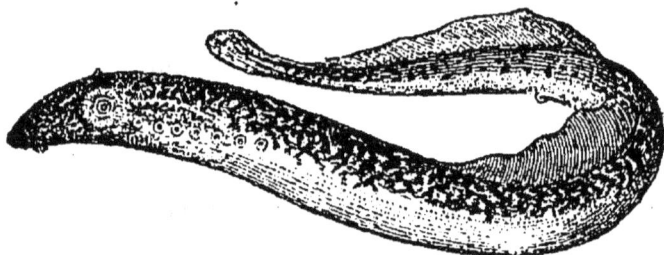

Fig. 83. Lamproie (poisson suceur).

d'être formée de deux mâchoires ; le poisson peut l'appliquer sur le corps d'un autre poisson dont il veut faire
sa proie et dont il suce les chairs. Des dents rangées

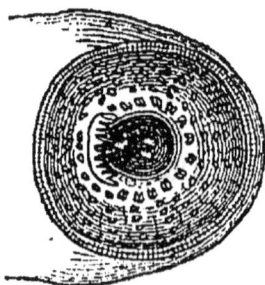

Fig. 84. Bouche de lamproie (vue de face).

en cercles dans sa bouche ronde et sur sa langue contri-
buent à le fixer sur le corps auquel il s'attache ; nous
pouvons dire que c'est un animal organisé pour sucer sa
proie, c'est un poisson *suceur*.

83. Résumé. — Les *poissons*, qui sont des animaux
froids (c'est-à-dire à température variable, comme les

reptiles et les batraciens, en diffèrent en ce que leur peau est ordinairement recouverte de véritables écailles. Leur caractère principal est surtout d'être disposés pendant toute leur existence pour vivre et respirer au milieu de l'eau ; ils ne peuvent respirer lorsqu'on les laisse très longtemps dans l'air.

On ne peut pas distinguer chez les poissons des membres comparables à ceux que nous avons observés chez les autres animaux à os ; ils sont munis de nageoires qui sont situées, les unes en arrière de la tête et au-dessous du corps (le plus souvent deux paires), les autres sur le dos, au-dessous et en arrière du corps, et à la queue.

Presque tous les poissons sont organisés pour nager au milieu de l'eau ; quelques-uns peuvent sauter au-dessus de la surface, quelquefois à une grande hauteur (les truites, par exemple), très rarement ils peuvent se maintenir pendant un certain temps dans l'air (poissons volants). D'autres poissons ont le corps allongé et sont privés de la paire de nageoires qui se trouve au-dessus du corps ; ils rampent dans la vase comme des serpents et peuvent aussi nager : telles sont les anguilles.

Les poissons se nourrissent ordinairement de substances animales (poissons, vers, insectes); leurs mâchoires (et même souvent d'autres parties à l'intérieur de leur bouche), peuvent être garnies de dents pointues, quelquefois sur plusieurs rangées. Certains poissons, comme la lamproie, au lieu d'avoir deux mâchoires mobiles, ont une bouche ronde pouvant s'appliquer sur leur proie et sucer.

Le squelette de tous les poissons, même celui de la lamproie qui ne présente presque aucun os, montre toujours très nettement une file de vertèbres suivant la longueur du corps. Comme les mammifères, les oiseaux, les reptiles et les batraciens, les poissons sont donc des animaux vertébrés.

CHAPITRE X.

CARACTÈRES AUXQUELS ON RECONNAIT LES ANIMAUX SANS OS (INVERTÉBRÉS).

84. L'écrevisse et le colimaçon. — Ressemblances. — Nous avons déjà vu (§ 1) quelles différences l'écrevisse (fig. 85) présente avec un animal à os. Prenons un autre animal, parmi ceux que nous n'avons pas encore étudiés : le colimaçon (fig. 86). Est-ce un vertébré comme les animaux que nous connaissons ?

En le coupant, on ne rencontre à l'intérieur de son corps que des parties molles, comme dans l'écrevisse. La partie dure est à l'extérieur, ainsi que la carapace de l'écrevisse. Le colimaçon peut, en s'y retirant, y abriter son corps.

Parmi les animaux que nous avons vus, la tortue présentait aussi, il est vrai, une carapace ; mais, à l'intérieur de cette carapace, nous avons trouvé les divers os du squelette, entre autres la suite des vertèbres. Ici il n'y a rien de semblable : le colimaçon n'est pas un animal à os.

Pas plus chez le colimaçon que chez l'écrevisse on ne rencontre de colonne vertébrale ; rien de comparable au squelette des vertébrés. Par opposition, on dit alors que l'écrevisse, le colimaçon, sont des animaux sans vertèbres ou *invertébrés*.

Cette expression est meilleure que celle *d'animaux sans os*, pour désigner les êtres qui vont nous occuper maintenant ; car nous verrons que quelques-uns d'entre eux renferment à l'intérieur de leur corps des parties plus ou

7

moins dures qu'on pourrait prendre pour des os (1), mais
qui ne rappellent en rien la disposition des os que
nous connaissons. Jamais ils ne sont rattachés à une suite
de vertèbres. Or, nous avons vu que, chez tous les mam-

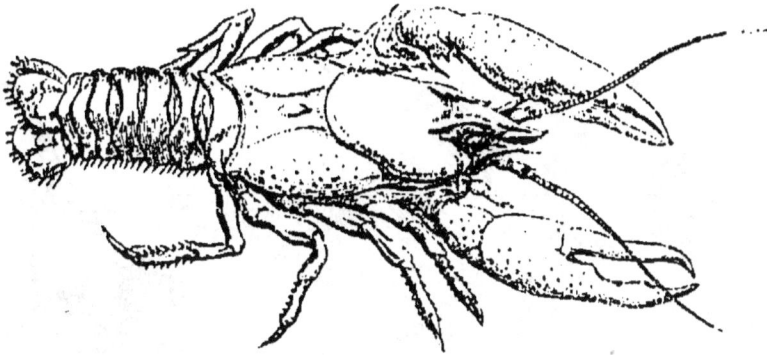

Fig. 85. Écrevisse.

mifères, oiseaux, reptiles, batraciens, poissons, même
chez ceux qui n'ont qu'un squelette très réduit, il y a toujours une partie du squelette qui ne fait jamais défaut;
c'est la suite des vertèbres.

Nous dirons donc que l'écrevisse et le colimaçon sont
des invertébrés.

**§ 5. Couleur du sang chez l'écrevisse et le coli-
maçon. Animaux dont le sang n'est pas rouge.** —
Un chat ou un lapin a été blessé : il sort de la blessure un
sang rouge comme celui de l'homme. Il en est de même
pour tous les mammifères. Une poule, un lézard, une grenouille, une carpe. font aussi sortir du sang rouge de leurs
blessures.

Tous les mammifères, les oiseaux, les reptiles, les ba-

---

(1) Telle est une sorte de poulpe nommée *seiche* (voyez § 140), et qui renferme à l'intérieur de son corps une partie dure, blanche, ovale, appelée vulgairement biscuit de mer. Cette portion dure de la seiche est bien connue
par l'usage qu'on en fait en la plaçant dans les cages à serins pour
que ces oiseaux y aiguisent leur bec.

traciens et les poissons ont le sang ainsi coloré. On dit que ce sont des animaux *à sang rouge.*

Si l'on blesse cette écrevisse ou ce colimaçon on verra sortir de la blessure un liquide verdâtre dans le premier cas, blanchâtre dans le second.

Fig. 86. Colimaçon.

Le colimaçon et l'écrevisse sont des animaux qui n'ont pas le sang coloré en rouge.

86. Autres exemples d'animaux invertébrés. Abeille, Ver de terre. — Cette abeille (fig. 87) a une

Fig. 87. Abeille.

carapace extérieure dure; elle ne présente en dedans ni vertèbres, ni os d'aucune sorte, son sang est incolore; c'est aussi un invertébré.

Examinons maintenant ce ver de terre (fig. 88); ici nous ne trouvons aucune partie dure, ni à l'extérieur ni à l'intérieur: c'est encore un invertébré. L'animal n'a pas de

carapace ; si on le blesse on peut observer qu'il a un
peu de sang rouge. Ceci nous montre que si les animaux invertébrés, comme l'écrevisse, le colimaçon, l'a-
beille, sont revêtus d'une peau dure qui les protège, et ont

Fig. 88. Ver de terre.

le sang incolore, il y en a quelques-uns, comme le
ver de terre, qui ne présentent pas ces caractères.

On ne connaît qu'un très petit nombre d'animaux sans
os qui ont le sang rouge.

87. Résumé. — Animaux sans os ou invertébrés.
— En résumé, par cette observation rapide de quelques
animaux, nous pouvons déjà voir que les caractères les plus
importants des animaux sans os sont l'absence de squelette intérieur et surtout de colonne vertébrale.

En outre, nous pouvons ajouter que le plus grand nombre d'entre eux n'ont pas le sang rouge, tandis que celui
de tous les vertébrés est ainsi coloré.

Nous réunirons les animaux sans os dans un groupe
que nous nommerons, par opposition avec celui que nous
connaisssons, le groupe des *invertébrés*.

L'écrevisse, l'abeille, le colimaçon, le ver de terre, l'araignée sont des animaux invertébrés.

CHAPITRE XI.

**88. Ressemblances entre l'abeille et l'écrevisse.
— Leurs différences avec le colimaçon.** — Nous
avons dit que l'abeille était, comme l'écrevisse et le colimaçon, un animal invertébré. Cherchons auquel des deux
elle ressemble le plus.

Nous pouvons remarquer tout d'abord que l'écrevisse a
son corps composé de parties disposées à la suite les unes
des autres ; cela est surtout très évident en considérant les
anneaux de la queue (fig. 85), ou lorsqu'on regarde l'animal par-dessous.

Chez le colimaçon, rien de semblable ; la partie molle du
corps semble toute d'une venue (fig. 86).

Regardons l'abeille maintenant (fig. 87) ; nous pouvons
remarquer que son corps est formé d'anneaux comme celui
de l'écrevisse. Il est d'abord divisé en trois parties que
nous pouvons appeler la tête, la poitrine et le ventre.
Mais si nous regardons de près cette dernière partie, nous
y distinguerons visiblement une série d'anneaux à la
suite les uns des autres.

Aussi, par cette disposition, l'abeille se rapproche plus
de l'écrevisse que du colimaçon. Elle a, comme l'écrevisse,
un corps composé d'articles successifs.

Ces articles sont rendus quelquefois très évidents par
les mouvements de l'animal. Observons une écrevisse
lorsqu'elle recourbe son corps ; nous verrons bien que c'est
en faisant mouvoir les uns par rapport aux autres les
divers articles de sa queue, qu'elle produit ce mouvement.

En regardant de près une abeille posée sur une fleur
nous verrons aussi qu'elle déplace un peu les anneaux
de son corps.

Nous pouvons réunir en un groupe ces animaux dont
le corps est ainsi formé par des articles successifs; nous
les appellerons des *articulés*.

Chez le mille-pattes qu'on trouve souvent au-dessous
des pierres (voyez fig. 128), cette division du corps en
articles successifs est aussi très nette.

Le mille-pattes, l'abeille, l'écrevisse sont des animaux
articulés.

Le colimaçon, l'huître, l'étoile de mer ne sont pas des
animaux articulés; nous les étudierons en dernier lieu.

**89. Autres ressemblances entre l'écrevisse et
l'abeille.** — Mais observons encore en les comparant
l'abeille et l'écrevisse; nous leur trouverons d'autres
ressemblances.

Nous pouvons remarquer que ces deux animaux ont des
pattes, tandis que le colimaçon n'en avait pas; ces pattes
sont situées au-dessous du corps. Chez l'écrevisse, comme
chez l'abeille, chacune des pattes est elle-même composée,
comme le corps, d'un certain nombre de pièces, d'articles
successifs, qui peuvent se mouvoir les uns par rapport
aux autres.

En avant de la tête de l'écrevisse nous trouvons deux
longs prolongements qui se terminent en pointes. Ce ne
sont pas des pattes. A quoi peuvent servir ces organes ?

Lorsqu'on va pêcher les écrevisses on les attire avec
des morceaux de viande. Regardons, dans l'eau, une écrevisse qui s'approche d'un morceau pour le manger; nous
la verrons souvent agiter ces longues pointes qui sont en
avant de la tête et les diriger vers le morceau comme
pour le sentir, le toucher ou le goûter avant de se décider
à le mâcher.

Ces organes ont donc pour rôle soit de tâter, soit de
sentir: on les appelle *antennes*.

Cherchons si l'abeille offre quelque chose de semblable.

Sur sa tête, nous distinguerons aussi deux petits filaments. On peut observer, si l'on apporte du miel près
de l'abeille, qu'elle tourne ces filaments vers le miel,
puis se dirige de ce côté pour aller en manger. Ce sont
aussi des antennes.

Revenons à l'écrevisse; observons-la lorsqu'elle mange:
nous ne voyons pas une mâchoire supérieure fixe et une
mâchoire inférieure mobile comme chez les animaux
vertébrés. Nous apercevons au-dessous de la tête de
l'écrevisse plusieurs mâchoires mobiles, les unes à droite,
les autres à gauche, disposées par conséquent en travers.
Il n'y a pas une mâchoire supérieure et une mâchoire inférieure; il y a des mâchoires droites et des mâchoires
gauches.

L'abeille suce beaucoup plus qu'elle ne mord; cependant
elle peut couper un peu avec deux sortes de petites mâchoires qu'on distingue au-dessous de sa tête; comme chez
l'écrevisse, elles sont disposées en travers, l'une à droite,
l'autre à gauche.

90. Différences entre l'abeille et l'écrevisse. —
Comparons maintenant ces deux animaux articulés, l'abeille
et l'écrevisse, en cherchant, au contraire, quelles sont les
principales différences qu'ils présentent entre eux.

Nous avons reconnu dans l'abeille trois parties distinctes:
la tête, la poitrine, l'abdomen. On ne peut pas faire la
même distinction chez l'écrevisse; sa tête est complètement soudée avec sa poitrine.

Si nous comptons les pattes de l'abeille, nous en trouverons six; l'écrevisse a d'abord en avant deux grandes
pinces; puis viennent huit pattes et, jusque sous la queue,
on trouve encore des pattes plus petites qui ne lui servent
pas à marcher; l'écrevisse, au lieu d'avoir six pattes
seulement comme l'abeille, en possède donc un très grand
nombre.

Une autre différence plus importante encore entre ces
deux animaux peut s'observer dans leur manière de vivre:
l'écrevisse est organisée pour respirer dans l'eau, comme

un poisson; l'abeille est organisée pour respirer dans l'air.

Une écrevisse retirée de l'eau et laissée indéfiniment dans l'air, ne peut plus respirer au bout d'un certain temps; elle meurt, elle ne peut pas vivre dans l'air.

Une abeille, au contraire, plongée au milieu de l'eau, ne peut plus respirer; elle meurt, elle ne peut pas vivre dans l'eau.

La mouche, le hanneton, le papillon respirent dans l'air comme l'abeille. Comme elle, ils ont six pattes et leur corps est divisé en trois : tête, poitrine, ventre. Tous les animaux articulés qui présentent ces caractères sont appelés des *insectes*.

Le homard, la langouste, le crabe respirent dans l'eau comme l'écrevisse. Comme elle, ils ont un grand nombre de pattes.

Tous les animaux articulés qui ont ainsi une respiration aquatique, sont appelés des *crustacés*.

L'abeille est un insecte.

L'écrevisse est un crustacé.

91. Résumé. — Parmi les animaux sans os ou invertébrés, il en est qui sont caractérisés par la disposition générale de leur corps formé d'articles successifs: on les nomme les animaux à articles ou *articulés*. Tels sont l'abeille, l'écrevisse. Ils sont souvent recouverts d'une peau épaisse, et chez un grand nombre d'entre eux, les pattes sont articulées comme le corps. Beaucoup de ces animaux présentent sur leur tête deux filaments appelés *antennes* qui leur servent à sentir ou à toucher.

Le colimaçon, l'huître ne sont pas des animaux à articles.

Les animaux articulés peuvent être de diverses sortes.

Les uns, comme l'abeille, sont disposés pour vivre dans l'air; leur corps est divisé en trois parties principales; ils ont six pattes : ce sont les *insectes*.

D'autres, comme l'écrevisse, sont disposés pour vivre et pour respirer dans l'eau; ils ont souvent un grand nombre de pattes: ce sont les *crustacés*.

CHAPITRE XII.

92. L'abeille, le hanneton, le papillon, la mouche; ressemblances entre ces animaux. — Prenons ce hanneton (fig. 89). En quoi ressemble-t-il à l'abeille ?

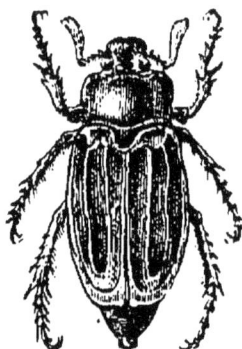

Fig. 89. Hanneton.

Comptons ses pattes, nous en trouvons six. Regardons son corps, nous y trouvons trois parties principales : la tête, la poitrine et le ventre.

La tête se reconnaît aux yeux situés de côté, aux antennes situées en avant; celle de l'abeille offre les mêmes dispositions.

La poitrine porte en-dessous les six pattes comme chez l'abeille; du côté du dos, les ailes du hanneton viennent aussi s'y rattacher; ces ailes sont au nombre de quatre, comme celles de l'abeille; mais tandis que chez celle-ci, toutes les quatre sont formées de membranes transparentes et servent au vol, chez le hanneton les deux ailes supérieures

sont durcs, coriaces, non transparentes, et ne servent pas
à voler ; elles se replient sur celles de la seconde paire
pour les protéger.

Le ventre du hanneton est nettement composé, comme
celui de l'abeille, d'un certain nombre d'articles successifs.
Sur plusieurs de ses anneaux on peut observer en dessous,
à droite et à gauche, de petits trous; il en est de même
chez l'abeille: c'est par là que les insectes respirent.

Donc le hanneton est un insecte.

Et ce papillon (fig. 90) ?

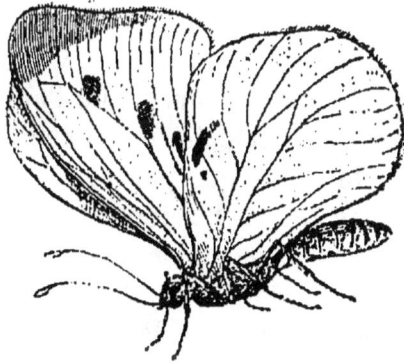

Fig. 90. Papillon.

Nous pouvons y remarquer la tête avec les yeux et les
antennes, la poitrine portant au-dessous les six pattes, et
sur le dos quatre ailes colorées; le ventre composé de
plusieurs anneaux successifs.

Et cette mouche (fig. 91)? Elle ne porte que deux ailes

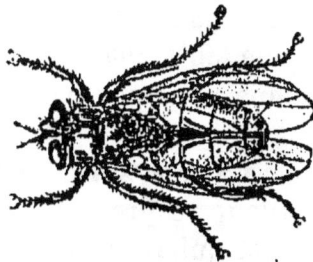

Fig. 91. Mouche.

au lieu de quatre, mais son corps est encore divisé en
tête, poitrine et ventre; nous lui trouvons six pattes, des
antennes, des yeux, plusieurs anneaux au ventre.

Nous pouvons ainsi facilement reconnaître que le hanneton, le papillon, la mouche sont des insectes, comme l'abeille.

93. Développement des insectes. — OEuf du ver-à-soie. — Nous avons vu que l'œuf de grenouille, au moment où il éclôt, produit un animal, le têtard, qui ne ressemble pas du tout à une grenouille; puisque ce têtard subit plusieurs transformations successives ou métamorphoses, jusqu'à ce qu'il ait acquis la forme définitive d'une grenouille semblable à celle qui avait produit l'œuf d'où il est sorti.

En suivant le développement d'un insecte à partir de l'œuf, nous pourrons voir aussi que l'animal qui en sort n'a pas la forme d'un insecte tel que l'abeille et le hanneton; il n'arrive à cette forme que par des transformations successives. Comme les batraciens, les insectes présentent en se développant des *métamorphoses*.

Prenons un œuf de l'animal appelé ver-à-soie parce qu'on l'élève pour en retirer la soie qui sert à faire les étoffes. C'est ce qu'on nomme vulgairement une graine de ver-à-soie (fig. 92 à gauche).

Fig. 92. OEuf du ver-à-soie et chenille au sortir de l'œuf (grandeur naturelle).

Pour que cet œuf puisse se développer, il lui faudra de la chaleur, comme pour celui de la poule.

Mettons-le sur une table, dans une salle chauffée. Au bout de peu de temps nous pourrons le voir éclore.

94. Chenille du ver-à-soie. — Cet œuf, qui a été pondu par un papillon, ne produit pas, au moment où il se déchire, un animal qui ressemble à un papillon.

Si nous regardons l'animal que produit l'œuf, nous apercevons une sorte de chenille qui ressemble un peu à un ver (fig. 92 à droite). On dit que l'insecte est alors à l'état de larve.

Pour mieux examiner l'œuf et la larve qui vient d'en

sortir, prenons une loupe, car ils sont très petits et on ne
les voit pas bien à l'œil. La loupe (fig. 93) se compose
d'un morceau de verre bombé des deux côtés et porté par
un manche qu'on peut tenir à la main. Pour s'en servir,

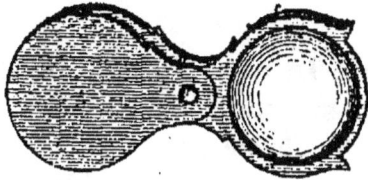

Fig. 93. Loupe.

on place le verre bombé tout près de l'œil, en tenant la
loupe d'une main, puis on approche l'objet qu'on veut examiner avec l'autre main, en cherchant à le voir à travers
le verre. Lorsqu'il est à une certaine distance, on l'aperçoit, mais beaucoup plus gros que lorsqu'on le regarde
simplement à l'œil. On en distingue mieux les détails. Regardons ainsi l'œuf du ver-à-soie et la larve qui en est
sortie (fig. 92). Nous les apercevons à travers la loupe
tels qu'ils sont représentés (fig. 94 et 95). On dit qu'ils sont
grossis à la loupe.

Fig. 94. Œuf du ver-à-soie (grossi à la loupe).

Nous pouvons bien reconnaître que cette larve est un
animal articulé, car son corps se compose d'anneaux
placés les uns à la suite des autres; nous en comptons

Fig. 95. Chenille du ver-à-soie au sortir de l'œuf (grossie à la loupe).

plus de dix, mais nous n'y trouvons pas nettement la sépa-
ration du corps en trois parties, comme chez le papillon.

Nous n'apercevons pas six pattes, et le dos ne porte aucune aile.

Sauf le corps articulé, tout dans la forme de cette chenille nous semble différent du papillon qui a produit l'œuf dont elle sort.

95. Mue de la chenille. — Cette chenille marche en rampant, et si nous déposions près d'elle des feuilles de l'arbre appelé mûrier (1), nous la verrions s'en nourrir avidement, en broyant les feuilles avec ses mâchoires. Mais, au bout de cinq jours, nous pouvons remarquer qu'elle s'arrête dans sa marche : elle semble malade ; elle relève à moitié la partie antérieure de son corps, puis elle ne fait plus aucun mouvement (position représentée fig. 98).

Continuons en ce moment à observer ce ver-à-soie : il est encore immobile, puis, tout à coup, sa peau se fend au milieu du dos, la chenille apparaît au-dessous avec une peau toute neuve ; elle reprend ses mouvements, jette autour d'elle des fils de soie qu'elle attache aux corps qui l'entourent ; elle s'appuie alors sur ces fils, et sort de son ancienne peau dont elle se débarrasse.

Ce changement de peau s'appelle une *mue*. On dit que le ver-à-soie a mué, qu'il est passé du premier âge au second âge.

96. Ages successifs du ver-à-soie. — Pendant ce second âge, nous pouvons déjà remarquer que l'animal a un peu changé de forme (fig. 96) : il n'est plus recouvert de poils, il devient gris, puis blanc jaunâtre.

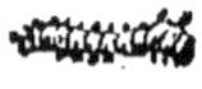

Fig. 96. Ver-à-soie. — Second âge.

_____

(1) Le mûrier est un arbre cultivé dans le midi de la France, pour l'élevage des vers-à-soie ; il n'a aucun rapport avec les ronces des chemins qui produisent les fruits appelés mûres.

Au bout de quatre jours, un nouvel arrêt se produit: le
ver-à-soie ne mange plus les feuilles de mûrier; puis il
change encore de peau, c'est la seconde mue. Nous le
voyons passer ainsi à un troisième âge (fig. 97).

Fig. 97. Ver-à-soie. — Troisième âge.

Après une troisième mue et un quatrième âge (fig. 98),

Fig. 98. Ver-à-soie. — Au moment de la troisième mue.

nous pourrons voir le ver-à-soie devenu beaucoup plus gros,
dans son cinquième âge (fig. 99 et 99 bis). C'est le moment

Fig. 99. Ver-à-soie. — Commencement du cinquième âge.

où il dévore les feuilles avec la plus grande avidité. Au
bout d'un peu plus d'une semaine, on voit le ver-à-soie,
dont le corps est devenu blanc et presque transparent,
grimper sur les branches de mûrier en dressant la tête
(fig. 99 bis) : c'est ce qu'on appelle la *montée* du ver-à-soie.

Nous pouvons remarquer qu'à ce moment un long fil
de soie est sorti de sa bouche. Ce fil de soie ne sort pas
tout fait de l'intérieur du ver-à-soie, comme s'il se dérou-
lait d'un peloton. Il est formé par une sorte de salive
qui a la propriété de devenir solide et de s'étirer en fils
résistants lorsqu'elle sort du corps de l'animal.

Si nous avons disposé des branches dressées sur la
table où nous élevons le ver-à-soie, nous le verrons monter sur l'une de ces branches : il attache des fils de côté et

d'autre, se fixe ainsi solidement, puis se met à tourner régulièrement la tête en rond, à mesure qu'il produit tou-

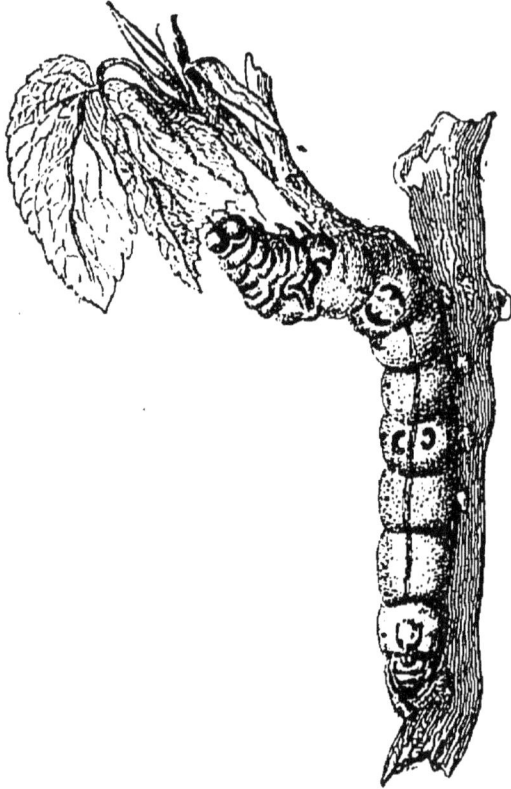

Fig. 99 bis. Ver-à-soie. — Cinquième âge. Au moment de la *montée*.

jours par la bouche de nouveaux fils; il s'entoure ainsi peu à peu d'un inextricable réseau de fils de soie et finit par former tout autour de lui une épaisse couverture arrondie qui le protège contre le froid: c'est ce qu'on nomme le cocon (fig. 100).

Au bout de trois ou quatre jours, il l'a complètement terminé. Si nous ouvrions le cocon à ce moment, nous verrions que le ver-à-soie s'est resserré sur lui-même et est devenu moins gros; à la fin, il prend une forme toute différente.

97. Chrysalide du ver-à-soie. — Regardons ce que l'on trouve alors au milieu du cocon (fig. 101): c'est un corps

ovale, allongé, un peu pointu à un bout, recouvert d'une peau
durcie. C'est à peine si l'on peut y reconnaître une tête ;
on ne voit aucune patte, mais l'on distingue encore les
anneaux qui forment le corps.

Une fois le cocon formé, le ver-à-soie peut rester plusieurs semaines dans cet état, sans remuer d'aucune façon

Fig. 100. Cocon du ver-à-soie.

et sans prendre aucune nourriture, protégé contre les variations extérieures de température par son épaisse couverture de soie.

Fig. 101. Chrysalide du ver-à-soie.

C'est une forme tout à fait différente de toutes celles
qui précèdent. Le ver-à-soie n'est plus une chenille,
nous disons qu'il est à l'état de *chrysalide*.

Au bout de quinze à vingt jours, la peau durcie de la

chrysalide est déchirée, et une nouvelle métamorphose se produit.

98. Papillon du ver-à-soie. — L'insecte se dépouille de son enveloppe de chrysalide et apparaît alors sous une forme toute différente : c'est un papillon (fig. 102).

Nous lui reconnaissons les caractères principaux que nous avons observés chez le hanneton ou l'abeille : six pattes, le corps divisé en trois parties principales ; il a des ailes sur le dos, au nombre de quatre.

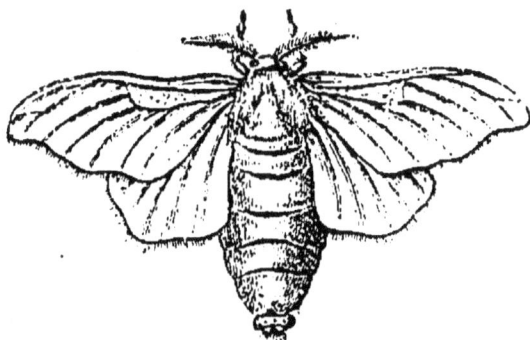

Fig 102. Papillon du ver-à-soie.

Au lieu de ramper sur le sol comme la chenille ou de rester immobile et endormi comme la chrysalide, le papillon vole dans l'air, il peut aussi se poser et marcher.

Ce dernier âge appelé l'état *d'insecte parfait* dure peu de jours chez le papillon du ver-à-soie, il pond ses œufs et meurt.

Les œufs, d'abord jaunes, passent au gris et peuvent alors être conservés très longtemps en supportant les plus grands froids.

En les plaçant dans des conditions convenables, nous pourrions les faire éclore et obtenir de nouveau la succession des formes que nous avons observées.

1° Œuf ;

2° Larve (chenille) ;

3° Chrysalide ;

4° Insecte parfait (papillon), et ainsi de suite.

99. Développement de la mouche. — OEuf. —
Prenons maintenant un autre exemple pour étudier les métamorphoses des insectes. Le ver-à-soie, nous l'avons vu,
passe, en somme, la plus grande partie de son existence
à l'état de larve. C'est le contraire chez la mouche ordinaire, qui vit plus longtemps lorsqu'elle est à l'état d'insecte parfait que pendant les métamorphoses qui précèdent
cet état.

La mouche va pondre ses œufs le plus ordinairement
dans le fumier des fermes : c'est là qu'ils trouvent les
conditions nécessaires à leur premier développement.

100. Larve de la mouche ; asticot.— Si nous avons
pris l'un de ces œufs pour le faire éclore, nous en voyons
sortir, non pas une mouche, mais, comme dans l'exemple
précédent, une sorte de ver allongé.

Après deux mues, au bout de deux à trois jours, il aura
successivement changé de forme et sera devenu ce qu'on
appelle vulgairement un *asticot* (fig. 103); c'est la *larve*

Fig. 103. Asticot (larve de mouche).

de la mouche, comme le ver-à-soie était la larve de
son papillon.

101. Chrysalide de la mouche. — Chez la mouche
ordinaire, cet état ne dure, en été, que trois à quatre jours;
à la fin de cet âge, l'animal est très actif et se nourrit beaucoup; comme le ver à soie dans son dernier âge.

Fig. 104. Chrysalide de mouche.

Ensuite son activité cesse, la peau s'épaissit et la forme
générale de l'être se raccourcit (fig. 104). Il reste à l'état
de chrysalide pendant cinq à sept jours.

102. Mouche à l'état d'insecte parfait. — Mais une transformation plus grande que les précédentes s'est préparée; l'animal sort de sa chrysalide au bout de cinq à sept jours à l'état d'insecte parfait (fig. 105). C'est la mouche ordinaire. Nous lui trouvons alors six pattes, son corps est divisé en trois parties; elle a deux ailes sur le dos.

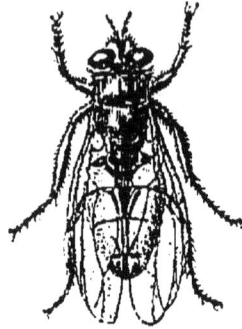

Fig. 105. Mouche à l'état d'insecte parfait.

Cette mouche pond des œufs qui peuvent éclore et donner la série des transformations dont nous venons de parler:

1° Œuf;

2° Larve (asticot);

3° Chrysalide;

4° Insecte parfait (mouche).

103. Résumé. — L'abeille, le hanneton, le papillon, la mouche sont des animaux articulés, à six pattes, et chez lesquels on distingue nettement trois parties principales du corps: la tête, la poitrine, le ventre. Ils respirent dans l'air.

Ce sont les principaux caractères des *insectes*.

Les insectes ne sortent pas de l'œuf à leur état définitif. Comme les batraciens, ils présentent ordinairement des métamorphoses extérieures.

De l'œuf sort un animal articulé, rampant sur le sol, qui ressemble plus ou moins à un ver, chez lequel on ne trouve pas les caractères des insectes qui ont achevé leur développement, c'est la *larve* (ou *chenille* chez les papillons).

Au bout d'un temps plus ou moins long, souvent après plusieurs changements de peau ou mues successives, la larve s'arrête dans son activité, et devient immobile. Sa peau s'est alors durcie; très-souvent elle s'est filé un cocon pour la protéger contre le froid pendant cette période : c'est alors une *chrysalide*.

De là, après un dernier changement, sort l'*insecte parfait* qui produit les œufs.

CHAPITRE XIII.

DIVERSES SORTES D'INSECTES.

104. Carabe. — Insectes marcheurs. — Nous avons dit que les insectes sont en général des animaux volants. Certains d'entre eux, cependant, sont exclusivement *marcheurs ;* ils n'ont pas d'ailes. Telle est, nous le savons, la fourmi ordinaire.

Un insecte qu'on voit courir solitaire dans l'herbe des bois, ou traversant les chemins, est reconnaissable au vif éclat

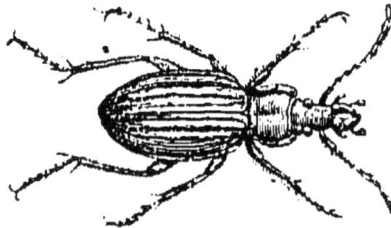

Fig. 106. Carabe (insecte marcheur).

métallique vert doré de sa carapace, à ses longues antennes, à son ventre ovale : c'est le carabe doré (fig. 106) (1). Ses ailes sont soudées sur son dos et ne peuvent lui servir : c'est encore un insecte marcheur.

Regardons sa tête : nous y remarquons, en avant, à droite et à gauche, deux robustes mâchoires en forme de croissant ; nous pouvons en conclure que le carabe a besoin de mordre dans une substance dure pour se nourrir.

---

(1) Vulgairement nommé : *jardinière* ou *sergent.*

Ces mâchoires lui servent, en effet, pour attaquer et déchirer les carapaces des insectes dont il fait sa nourriture. Le carabe est un insecte chasseur : il mange les autres insectes; on le voit souvent dévorer les hannetons.

Ajoutons que, comme nous l'avons remarqué en étudiant le ver-à-soie et la mouche, les insectes, lorsqu'ils sont à l'état de larve, sont privés d'ailes et marchent très souvent en rampant.

105. Papillon, libellule. — Insectes bons voiliers.

— La plupart des insectes ont sur le dos des lames membraneuses, ordinairement au nombre de quatre, disposées pour le vol : ce sont les *ailes*.

Comparons, à ce point de vue, un papillon et une libellule (1) qui volent.

Chez ce papillon (fig. 90), les ailes ont une grande dimension et offrent à l'air une grande surface de résistance; elles sont beaucoup plus larges que le corps de l'insecte.

Chez la libellule, les ailes transparentes sont plus petites que celles du papillon, par rapport au volume du corps de l'insecte.

Aussi, si nous regardons voler ces deux insectes, nous pourrons remarquer que le papillon fait aller ses ailes plus lentement que la libellule. Son corps est moins lourd, ses ailes sont plus grandes, il n'a pas besoin de les faire mouvoir aussi rapidement pour se soutenir dans l'air.

106. Sauterelle, criquet. — Insectes sauteurs. —

Regardons cette sauterelle (fig. 107) : nous serons frappés tout d'abord de la disposition particulière et du grand développement de ses deux dernières pattes. Elles sont fortement pliées et le premier article de chacune d'elles est large et robuste. Ces pattes sont disposées pour sau-

---

(1) Vulgairement appelée : *demoiselle.*

ter; les sauterelles, les criquets sont, en effet, des insectes *sauteurs*.

Mais nous savons qu'ils peuvent aussi voler. Si nous marchons dans un champ, après la moisson, chacun de nos pas fera sauter de tous côtés une foule de criquets dont nous verrons parfois se développer les ailes bleues ou rouges, et certaines espèces de sauterelles peuvent voler longtemps, à une grande hauteur, par bandes innombrables. Mais, ordinairement, les sauterelles volent

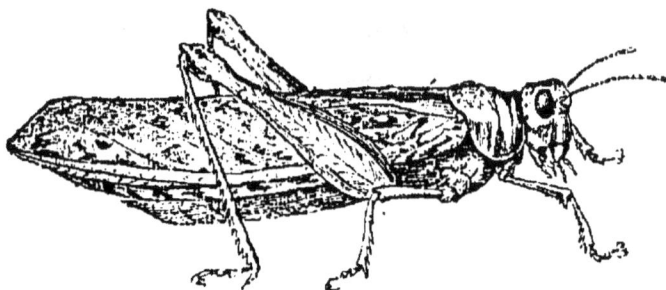

Fig. 107. Sauterelle (insecte sauteur).

moins que les libellules ou les papillons. Leurs quatre ailes, d'ailleurs, ne sont pas disposées pour le vol. Si nous les regardons de près, nous verrons que, comme chez le hanneton, la première paire d'ailes est formée de lames coriaces qui servent à protéger les ailes de la seconde paire. Ces dernières seules servent à voler; elles peuvent se replier comme un éventail pour se mettre à l'abri sous les premières.

Le cricri (1) des champs, le grillon du foyer qui vit dans les habitations ont aussi les pattes de derrière plus grandes, plus robustes que les autres et coudées comme celles de la sauterelle; ils peuvent aussi se déplacer en sautant.

107. Courtilière. — Fouisseurs. — Les grillons

---

(1) Ainsi nommé parce que, comme les sauterelles, il produit un cri aigu en frottant l'une contre l'autre ses ailes supérieures coriaces.

peuvent creuser des trous dans le sol; ils s'y retirent le
jour et n'en sortent guère que pour chasser pendant la nuit.
Un autre insecte qui leur ressemble un peu, la courtilière (fig. 108), est bien mieux disposé pour creuser des
galeries dans la terre.

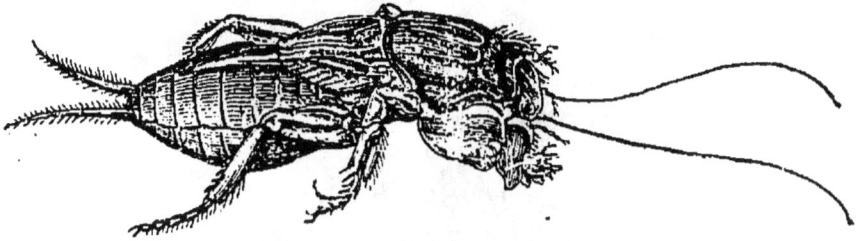

Fig. 108. Courtilière (insecte fouisseur).

C'est un *fouisseur*, comme l'était la taupe parmi les
mammifères. Aussi l'appelle-t-on souvent taupe-grillon.

Examinons ses pattes : nous pouvons observer que celles
de devant sont aplaties et robustes ; elles sont disposées
pour fouir, comme les bras de la taupe. C'est avec ses
pattes de devant que la courtilière creuse la retraite où
elle dépose ses œufs, ainsi que les diverses galeries qui
y aboutissent (fig. 109).

Les pattes du milieu sont celles qui servent le moins à
la courtilière ; celles de derrière rappellent un peu, par leur
forme, les pattes analogues de la sauterelle ou du grillon.

Les ailes ne sont pas très développées ; elles lui servent
rarement, et, lorsque l'insecte s'envole au-dessus du sol,
il décrit une courbe dans l'air et retombe bientôt sur la
terre.

108. Gyrin. — Insectes nageurs. — Si nous
allons sur le bord d'un ruisseau ou d'un lac aux eaux
claires, près d'une source dont les eaux sont agitées, nous
remarquerons souvent de petits points brillants, aux re-
flets bronzés, qui tournoient rapidement à la surface de
l'eau ; parfois ils s'enfoncent dans le liquide et paraissent alors comme de petites boules argentées.

Tâchons de nous emparer de l'un de ces petits animaux, ce qui n'est pas très facile. Nous verrons alors

Fig. 109. Galeries percées par la courtilière ; dans l'une d'elles,
elle a déposé ses œufs.

que c'est un insecte (fig. 110). On l'appelle le tourniquet ou gyrin.

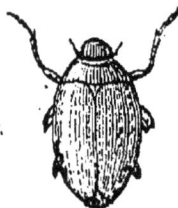

Fig. 110. Gyrin (insecte nageur).

Examinons ses pattes : celles de devant sont beaucoup plus allongées que les autres. Les pattes de devant ne servent pas au gyrin pour nager, car elles n'ont pas la forme de rames et ne sont pas tournées dans la direction qui serait commode pour la nage ; elles ont pour rôle de saisir la proie dont l'insecte veut se nourrir. Ce sont les pattes des deux autres paires, qui sont plus courtes, aplaties, et qui servent à l'insecte pour se déplacer dans l'eau.

Lorsque le gyrin plonge, il entraîne une couche d'air autour de lui ; on voit une grosse bulle brillante au-dessous de son corps : c'est ce qui le fait apercevoir de loin sous l'aspect d'une perle argentée. Il peut ainsi respirer dans l'air, même lorsqu'il est au milieu de l'eau.

Le gyrin n'est disposé ni pour le vol, ni pour la marche : c'est un insecte *nageur*.

109. Abeilles.— Insectes qui vivent en société.— On sait que certaines espèces d'insectes ne vivent pas isolés, comme ceux dont nous avons parlé précédemment. Ils se réunissent en société, ou, comme l'on dit, en colonie, et se distribuent les divers travaux nécessaires à leur vie. Telles sont les abeilles et les fourmis. Parlons d'abord des premières.

110. Diverses sortes d'abeilles dans une même colonie. — Si (avec un chapeau muni d'un voile et des gants, pour être plus sûrs de ne pas être piqués), nous nous approchons d'une ruche vers la fin du printemps, par exemple, nous verrons rentrer dans la ruche ou en sortir un grand nombre d'abeilles; nous pourrons remarquer qu'elles sont de deux grandeurs différentes.

Nous nous apercevrons bientôt que les plus petites ont l'air très actives, et sont occupées à rapporter du miel (1) ou du pollen (2) dans la ruche: ce sont les abeilles *ouvrières* (fig. 111); ce sont elles qui font tous les travaux de la colonie.

Fig. 111. Abeille ouvrière.

---

(1) Le miel des abeilles est fait avec le liquide sucré qu'elles aspirent dans les fleurs. Les abeilles, pour le rapporter, en avalent une assez grande quantité qu'elles reversent ensuite par la bouche, pour le mettre en provision. Il sert à leur nourriture, et elles en font leur réserve pour l'hiver.

(2) Le pollen est la poussière souvent jaune qu'on trouve dans les étamines des fleurs (voy. le volume des Végétaux). Les abeilles le rapportent avec leurs pattes de derrière qui sont creusées en cuillers. Il est employé par les abeilles en mélange avec le miel pour nourrir les larves en voie de développement.

Regardons les plus grosses (fig. 112) : elles ont le vol plus lourd, et produisent, en volant, un son moins aigu; nous nous apercevrons qu'elles n'ont pas l'air de travailler : ce sont les abeilles mâles ou abeilles *faux-bourdons*. Depuis la fin de l'automne jusqu'au premier printemps, on n'en trouve ordinairement pas dans les ruches.

Fig. 112. Abeille faux-bourdon.

Mais ces deux sortes d'abeilles ne pondent d'œufs ni les unes ni les autres. Il y a dans les ruches une troisième sorte d'abeilles, qu'on n'observe presque jamais au dehors.

Ouvrons une ruche avec précaution, en même temps que nous l'aurons remplie de fumée pour endormir les abeilles, afin que le voile de notre chapeau et nos gants ne soient pas couverts d'abeilles essayant de nous piquer avec l'aiguillon à venin qui est placé au bout de leur corps. Si nous cherchons avec patience, nous finirons par trouver une abeille plus allongée que les

Fig. 113. Abeille-mère.

autres et dont les ailes sont relativement plus petites : c'est l'*abeille-mère* (fig. 113).

En cherchant de toute part dans la ruche, nous ne

trouverons aucune autre abeille semblable; il n'y a qu'une seule abeille-mère dans une colonie. C'est elle seule qui pond successivement tous les œufs d'où naissent les ouvrières et les faux-bourdons. Nous pourrons observer plus commodément l'abeille-mère en train de pondre, si nous nous servons d'une ruche en bois doublée de verre, dont on puisse enlever une partie de l'enveloppe de bois au moment où l'on observe à travers le verre transparent; nous pourrons ainsi nous rendre compte de ce qui se passe dans la ruche.

111. Rayons de cire.— Alvéoles. — Développement des abeilles. — Mais où sont pondus les œufs? Où se développent-ils? Lorsqu'on ouvre une ruche, on trouve à l'intérieur des plaques jaunes ou brunes, creusées de petites loges régulières sur les deux faces: ce sont des rayons de *cire* (fig. 114).

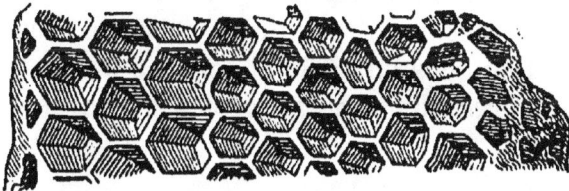

Fig. 114. Fragment d'un rayon de cire.
A gauche: grandes cellules de faux-bourdons; au milieu: cellules d'ouvrières; à droite: cellules inachevées.

La cire est une substance produite par les abeilles ouvrières (1) et dont elles se servent pour bâtir dans la ru-

(1) La cire n'est pas fabriquée avec le pollen (comme on le dit encore dans un certain nombre d'ouvrages): on l'avait d'abord supposé, sans doute à cause de la couleur jaune de la cire et de la couleur, souvent jaune aussi, du pollen. Les abeilles peuvent produire de la cire lorsqu'on ne leur donne seulement que du sucre, sans pollen. La cire suinte en lamelles entre les anneaux de leur abdomen; ces lamelles sont ensuite recueillies par les pattes, transportées vers la bouche où la cire est triturée et humectée de salive avant de servir comme matière de construction.

che (dans le creux d'un arbre, s'il s'agit d'abeilles sauvages). Toutes ces petites logettes, qu'on nomme des *alvéoles*, ont six facettes égales. La mère pond un œuf successivement dans chacune d'elles. Nous pouvons en trouver qui sont plus grandes les unes que les autres (fig. 114). Cherchons si cette différence de grandeur n'est pas en rapport avec les abeilles qui s'y forment.

Celles qui sont fermées par un couvercle renferment dans leur creux des chrysalides prêtes à donner l'insecte parfait. Ouvrons l'une des grandes cellules, nous y trouverons un faux-bourdon presque déjà formé. Ouvrons un des petits alvéoles, nous y observerons une chrysalide d'abeille ouvrière.

Donc les petites cellules sont des cellules d'ouvrières; la mère y pond, en effet, des œufs d'ouvrières, plus petits que les autres.

Les grandes cellules sont des cellules de faux-bourdons; la mère y pond des œufs plus gros.

Nous pourrons trouver aussi, dans la belle saison, mais, bien plus rarement, quelques cellules beaucoup plus grandes, allongées en ovale et dont les parois semblent revêtues d'un réseau de petits alvéoles inachevés (fig. 115); les

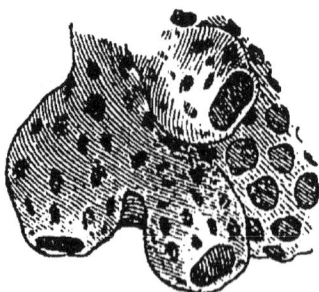

Fig. 115. Cellules de mères.

œufs pondus dans ces cellules recevant des ouvrières une nourriture spéciale, donneront des abeilles-mères, dont une seule subsistera (1). Cette nouvelle mère pourra

_____

(1) La première abeille-mère éclose tue les autres mères nouvelles avec son aiguillon et devient la nouvelle mère de la ruche.

remplacer celle déjà existante lorsque, sortant de la ruche avec un certain nombre d'ouvrières, la mère ancienne
formera avec elles un *essaim* pour aller fonder ailleurs
une nouvelle colonie.

En faisant des observations avec une ruche en verre,
nous pourrions constater que l'œuf déposé dans une cellule (fig. 116 et 117) éclôt à la chaleur de la ruche; la

Fig. 116. Œufs d'abeilles ouvrières (grandeur naturelle).
Fig. 117. Œufs d'abeilles ouvrières, vus à la loupe.

larve qui en sort (fig. 118) est d'abord nourrie directement par les abeilles ouvrières, puis la cellule est fermée

Fig. 118. Larve d'abeille.

et la larve se file un mince cocon de soie rousse; elle se
transforme en chrysalide (fig. 119), puis en abeille par-

Fig. 119. Chrysalide d'abeille.

faite. Les ouvrières l'aident à sortir de son alvéole, lui
déploient les ailes et la guident dans ses premières ex-
cursions.

112. Division du travail dans le groupement en société. — En somme, en multipliant les observations que nous venons de faire, en recherchant de toutes les manières quelle est l'organisation générale d'une ruche, nous aurons observé les faits suivants :

La colonie d'abeilles réunies en société se compose de :

1° Une abeille-mère, uniquement pondeuse (1);

2° Des abeilles ouvrières en très grand nombre;

3° Des faux-bourdons en nombre assez considérable, mais qui existent ordinairement en été seulement.

L'examen d'une société d'abeilles ne nous a pas montré un gouvernement organisé, où certains insectes auraient une autorité sur les autres. Ce que nous devons surtout remarquer en observant ainsi les abeilles, c'est que la partie active de la colonie se compose d'ouvrières qui n'ont pas toutes le même emploi. A un moment donné, certaines ouvrières sont uniquement cirières, occupées à produire la cire et à construire; certaines autres uniquement nourricières, occupées à nourrir les larves, tandis que la plupart des autres abeilles ouvrières se consacrent surtout à la récolte du miel et du pollen, ainsi qu'à leur emmagasinement dans certains alvéoles.

C'est là un avantage pour la colonie; le travail ainsi distribué est évidemment fait plus vite que si chaque ouvrière était à la fois cirière, nourricière et occupée à la récolte. Les abeilles opèrent entre elles une *division du travail* en se consacrant les unes à un objet, les autres à un autre (2).

---

(1) On l'a appelée quelquefois, à tort, la reine: en observant l'abeille-mère, nous la trouverons toujours occupée à pondre des œufs, plus ou moins vite, dans les cellules. Jamais nous n'aurons vu aucun fait qui montre qu'elle exerce une autorité dans la colonie.

(2) Il ne faudrait pas croire que cette division du travail soit absolue et qu'elle ait lieu pendant toute l'existence d'une abeille ouvrière. En général, ce sont les abeilles les plus âgées qui sont nourricières; mais lorsqu'elles étaient plus jeunes ces mêmes abeilles étaient occupées à la récolte. La faculté de produire de la cire varie aussi dans beaucoup de circonstances.

L'agglomération des abeilles en un groupe leur permet de s'échauffer mutuellement et de maintenir les œufs à une température suffisante pour qu'ils puissent éclore continuellement en toute saison.

113. Fourmis. — Un autre exemple bien connu est celui des fourmis. Les fourmis sont des insectes fouisseurs qui vivent en société.

Si nous allons dans les bois, nous rencontrerons souvent des fourmilières, tantôt complètement creusées dans le sol, tantôt s'élevant au-dessus et formant une petite colline. Les fourmis les construisent avec de la terre et avec toutes sortes de matières végétales, des aiguilles de pins, des petits bouts de branches, des fragments de feuilles mortes, des coques de fruits de hêtre, etc.

Ouvrons un de ces monticules, ou examinons une fourmilière abandonnée en faisant dans le sol une tranchée ; nous y trouverons une foule de galeries soutenues par de petits piliers ; ces galeries font communiquer entre elles des chambres de différentes grandeurs à divers étages. Il y en a de très profondes où les fourmis transportent en hâte les larves quand la fourmilière est attaquée ; d'autres sont des chambres de couvée où les œufs se développent, d'autres des chambres à provisions.

Il y a trois sortes de fourmis dans une colonie (1), comme il y a trois sortes d'abeilles ; mais il y a plusieurs mères pondeuses.

Les mères sont ailées ; elles partent en s'envolant en troupe, pour aller fonder ailleurs une nouvelle colonie ; mais les fourmis ouvrières n'ont pas d'ailes.

Si nous dérangeons un peu une fourmilière, nous verrons immédiatement toutes les fourmis transporter en

---

(1) Un certain nombre de fourmis mâles, de fourmis pondeuses et un très grand nombre de fourmis ouvrières.

hâte de petits corps blancs, ovales ; ce ne sont pas des œufs, ce sont les larves qui sont sorties des œufs.

En examinant une de ces larves, nous verrons qu'elle est nettement articulée : elle a le corps ramassé et sans pattes. Les fourmis qui les soignent leur donnent la becquée comme un oiseau à ses petits.

Quoique les fourmis soient moins faciles à observer que les abeilles, nous pouvons aussi reconnaître qu'elles ont une société organisée, où le travail est divisé.

Certaines fourmis sont uniquement pondeuses, et parmi les ouvrières les unes sont occupées à l'éclosion des œufs, d'autres à la construction des galeries, d'autres à la recherche de la nourriture ou des matériaux de construction (1).

114. Diverses manières dont mangent les insectes. — Mandibules. — Insectes mâcheurs. — Examinons la tête du carabe dont nous avons parlé (§ 104) ; nous voyons en avant deux pièces dures, puissantes, l'une à droite, l'autre à gauche, disposées pour couper comme une paire de ciseaux ; mais pour couper en travers, de gauche à droite et non de bas en haut comme les mâchoires du chat : on les appelle les *mandibules*.

Le carabe est ainsi armé pour pouvoir couper la carapace dure et résistante des insectes dont il fait sa proie.

Le hanneton n'est pas un animal carnivore comme le carabe, mais il mâche des feuilles assez dures ; aussi a-t-il en avant de la bouche des mandibules disposées pour couper ; elles sont moins saillantes et moins développées que celles du carabe. Le carabe, le hanneton sont organisés pour mâcher, ils ont les mandibules développées : ce sont des insectes *mâcheurs*.

115. Trompe. — Insectes suceurs. — L'abeille ne dévore pas d'autres insectes, comme le carabe ; elle ne se

_____

(1) Probablement, comme chez les abeilles, une même fourmi peut remplir à différents âges successivement diverses fonctions.

nourrit pas en mâchant des feuilles, comme le hanneton.

Elle suce le liquide sucré qui se trouve dans les fleurs ou quelquefois sur les feuilles.

Devons-nous penser qu'elle a des mandibules puissantes et développées comme celles du carabe, ou même comme celles du hanneton ? Pourrait-elle aspirer un liquide sucré avec deux pièces dures disposées comme les lames d'une paire de ciseaux ? Il est évident que non.

Mettons une assiette pleine de sirop de sucre à quelque distance d'une ruche, les abeilles viendront bientôt pour le pomper. En les regardant de près, approchons-nous, sans les déranger : nous verrons sortir de leur bouche un petit filet prolongé, long d'environ un demi-centimètre, qui rentre dans la bouche, puis en sort de nouveau, et ainsi de suite : c'est la *trompe* de l'abeille.

Nous n'avons qu'à observer les mouches ordinaires, pour remarquer qu'elles ont aussi une trompe plus courte que celle de l'abeille.

L'abeille, la mouche sont organisés pour sucer: ce sont des insectes *suceurs*; ils ont une trompe.

116. Résumé. — Les divers insectes que nous avons examinés, lorsqu'ils sont arrivés à leur état définitif (forme sous laquelle ils ne grandissent plus) nous ont toujours présenté les caractères principaux que nous avons observés chez l'abeille et le hanneton. Tous sont des animaux articulés à six pattes ; on peut toujours distinguer trois parties dans leur corps :

1º La tête qui porte les yeux et les antennes;

2º La poitrine qui porte les pattes et aussi les ailes, lorsqu'il y en a;

3º L'abdomen.

La plupart des insectes peuvent à la fois marcher et voler.

Il en est dont les ailes sont soudées et qui se déplacent uniquement en marchant. Tels sont les carabes : ce sont des insectes *marcheurs*.

Un grand nombre d'insectes volent beaucoup plus qu'ils

ne marchent et sont *bons voiliers;* les uns ont les ailes
larges et battent l'air par des mouvements assez lents,
comme les papillons ; d'autres ont les ailes relativement
plus étroites et se déplacent par des mouvements très
rapides, comme les libellules, les cousins.

Tous ces insectes ont *quatre* ailes; quelques-uns, comme
les mouches, n'en ont que *deux.*

Les gyrins sont des insectes *nageurs,* leurs deux dernières paires de pattes leur servent à ramer dans l'eau.

Les sauterelles, les criquets, les grillons ont leurs
pattes de derrière plus grandes que les autres; ces pattes
leur servent à sauter pour se déplacer : ce sont des insectes *sauteurs.*

La courtilière creuse des galeries sous le sol au moyen
de ses deux pattes de devant, robustes et aplaties : c'est
un insecte *fouisseur.*

Certains insectes vivent *en société,* tels sont les abeilles
et les fourmis.

Une société d'abeilles ou colonie renferme trois sortes
différentes d'abeilles : la *mère,* la seule abeille qui ponde
des œufs; les *faux-bourdons* qu'on ne trouve en général
dans les ruches que pendant l'été; les *ouvrières* qui sont
en très grand nombre et se partagent les divers travaux de
la ruche : récolte du pollen et du miel, fabrication de la
cire, élevage des petits, etc.

Une colonie de fourmis comprend plusieurs *fourmis
ailées* pondeuses; d'autres fourmis ailées ou fourmis
mâles et un grand nombre d'ouvrières qui sont privées
d'ailes et qui se partagent, comme les abeilles, les diverses
fonctions nécessaires à la société d'insectes : ce sont des
fourmis ouvrières.

Les insectes mangent soit en mâchant et en coupant, soit
en suçant. Le hanneton, la libellule, le carabe, sont des
insectes *mâcheurs;* ils ont au devant de la bouche deux
pièces solides disposées comme les lames d'une paire de
ciseaux : ce sont des *mandibules;* le hanneton coupe et dévore les feuilles; la libellule et le carabe se servent de leurs

mandibules pour attaquer la carapace des insectes dont ils se nourissent.

L'abeille, les papillons sont des insectes *suceurs*. Leur bouche est munie d'une *trompe* plus ou moins allongée avec laquelle ils aspirent le liquide sucré qui se trouve dans les fleurs.

CHAPITRE XIV.

ANIMAUX ARTICULÉS RESPIRANT DANS L'EAU (CRUSTACÉS).

117. Écrevisse et crevette des ruisseaux.— Ressemblances. — Dans un ruisseau on trouve souvent des écrevisses (fig. 120); on y trouve aussi de toutes petites

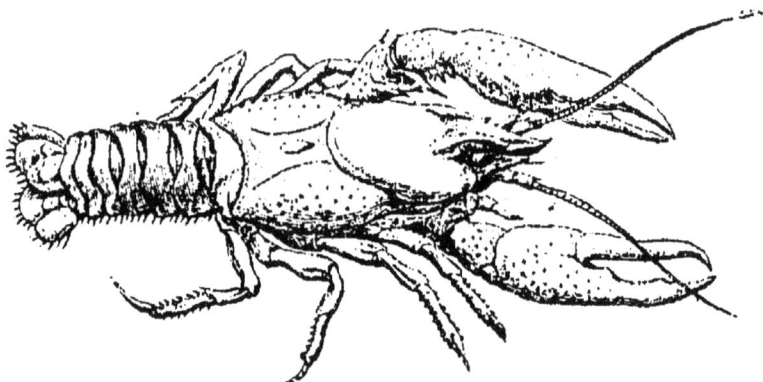

Fig. 120. Écrevisse.

bêtes de deux centimètres de long qui paraissent bien différentes de l'écrevisse, et qu'on connaît sous le nom de crevettes des ruisseaux (fig. 121).

Fig. 121. Crevette des ruisseaux.

Prenons une écrevisse et une crevette des ruisseaux. Regardons le second de ces animaux, avec une loupe,

9

pour mieux distinguer sa forme (fig. 122). Quelles ressemblances pouvons-nous trouver entre ces deux animaux, si différents par la taille et par la forme, au premier abord ?

Nous les reconnaissons d'abord pour des articulés ; leur corps est nettement divisé en articles successifs ; ils ont de plus des pattes articulées comme celles des insectes. Nous voyons tout de suite pourtant que ce ne sont pas des insectes ; ils ont plus de six pattes ; le corps n'est pas

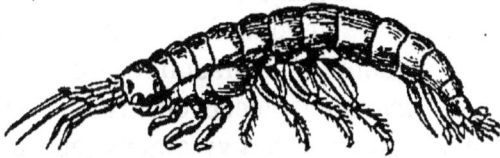

Fig. 122. Crevette des ruisseaux vue à la loupe.

distinctement divisé en trois parties principales. Mais nous avons déjà constaté, en parlant de l'écrevisse, un caractère plus important.

Si nous enlevons de l'eau une écrevisse ou une crevette de ruisseau, pour la laisser sur le sol au milieu de l'air, au bout d'un temps assez court, quand bien même on lui donnerait de la nourriture, elle mourrait. Elle ne peut respirer dans l'air. Comme les poissons, l'écrevisse et la crevette des ruisseaux sont *disposées pour respirer dans l'eau.*

Nous pouvons encore faire quelques remarques sur les caractères moins importants que présentent ces deux animaux. Tous deux sont enveloppés par une carapace dure dont les anneaux mobiles permettent à l'animal de se recourber du côté de ses pattes.

Regardons la tête de l'écrevisse, nous y apercevons quatre antennes, dont deux très longues et quatre plus petites. Regardons la tête de la crevette des ruisseaux, nous pouvons aussi reconnaître les antennes dont deux sont plus longues que les autres.

118. Articulés respirant dans l'eau. — Crustacés.

— Les animaux articulés qui sont ainsi disposés pour respirer dans l'eau, sont en général protégés par une peau très dure, comme ceux que nous venons d'examiner. Leur peau est imprégnée d'une substance minérale qui la rend solide ; elle est comme *encroûtée*, c'est pour cette raison qu'on nomme *crustacés* les *animaux articulés respirant dans l'eau.*

119. L'écrevisse nage en reculant. — Nageoire de la queue. — Considérons l'extrémité de la queue de l'écrevisse; nous y voyons des lames aplaties qui sont disposées en éventail; l'ensemble de ces lames forme une sorte de *nageoire* placée en travers. Qu'arrivera-t-il lorsque l'écrevisse, repliant vivement ses anneaux en dessous, donnera un fort coup de queue dans l'eau ou sur le fond du ruisseau ?

D'après la disposition que nous venons d'observer, au moment où l'écrevisse donnera un coup avec sa nageoire, elle frappera l'eau ou la vase avec la partie de sa nageoire qui est en dessous et, comme en même temps elle la replie, il est clair que ce mouvement la fera reculer.

En donnant un coup de queue, l'écrevisse recule, elle nage en reculant.

120. L'écrevisse marche en avançant. Pattes et pinces. — Mais l'écrevisse ne se déplace pas seulement avec la nageoire de la queue, nous avons vu qu'elle a des *pattes*. Nous en distinguons facilement huit, sans compter les deux grandes *pinces* qui sont tournées en avant.

Si nous avons disposé au fond du ruisseau un morceau de viande, nous pourrons voir s'approcher lentement quelques écrevisses; elles *s'avancent* en marchant avec leurs pattes et avec leurs pinces, pour venir flairer et tâter le morceau de viande avec leurs antennes. L'écrevisse marche souvent de travers par suite de l'inégal développement de ses pinces et quelquefois de ses pattes.

121. Manière dont mange l'écrevisse. — Consi-

dérons les pattes les plus grosses de l'écrevisse : elles présentent à l'extrémité deux pièces dont l'une est fixe et dont
l'autre mobile peut s'écarter ou se rapprocher de la première ; ce sont là les pinces, à proprement parler.

Si on en approche le doigt, l'écrevisse peut le saisir et le
serrer très fort.

Ces pinces lui servent à retenir la proie dont elle veut
faire sa nourriture. Mais si, nous approchant avec précaution, nous regardons l'écrevisse manger le morceau de
viande que nous avons placé au fond du ruisseau, nous
verrons que ce n'est pas avec ses pinces qu'elle mâche et
dévore la viande.

Regardons l'écrevisse en dessous ; entre la base des pinces
et celle des antennes, se trouvent différentes pièces dures
disposées par paires. Chacune de ces paires de pièces
fonctionne à peu près comme la paire de mandibules des
insectes. Ce sont des mâchoires disposées en face les unes
des autres, à droite et à gauche ; en les examinant de près
et en les détachant (sur une écrevisse cuite par exemple),
nous pourrons reconnaître qu'il se trouve aussi six paires
de pièces de formes variées (fig. 123) ; c'est au moyen de

Fig. 123. Diverses formes des mâchoires de l'écrevisse.

cet ensemble de paires de ciseaux assez compliqué, que
l'écrevisse peut diviser la viande en petits morceaux.

122. Bouche, yeux, antennes. — C'est au-dessous
et entre ces nombreuses mâchoires que se trouve située
la *bouche* de l'écrevisse. Au-dessus sont les deux *yeux*.

Examinons-les; nous verrons que chaque œil est porté sur une sorte de tige mobile qui lui permet de se tourner d'un côté ou de l'autre.

En avant sont situées les *antennes* dont nous avons déjà parlé. Les deux grandes sont les plus faciles à observer ; on reconnaît facilement qu'elles sont composées par un très grand nombre de petits articles placés les uns à la suite des autres, et dont les deux premiers sont plus gros et plus mobiles que les autres. Grâce à ces premiers articles mobiles, l'écrevisse peut mouvoir ses antennes pour aller palper ou flairer dans toutes les directions.

123. Fausses pattes. — Au-dessous des anneaux de l'abdomen, dont l'ensemble forme ce qu'on nomme ordinairement la queue, nous pourrons distinguer aussi des paires de pattes plus petites que les autres, tournées vers les nageoires, aplaties contre le dessous du corps ; on les appelle les *fausses pattes*, parce qu'elles ne servent pas à marcher. On peut souvent voir les œufs que pond l'écrevisse, formant une masse au-dessus de ces pattes. L'animal les retient contre son corps pendant quelque temps, avec ses fausses pattes, avant de les poser à l'endroit qu'il juge convenable pour leur développement.

124. Comment l'écrevisse grandit.— Mues successives. — Une abeille sortie de sa cellule ne grandit jamais ; une jeune abeille est aussi grande qu'une abeille âgée. Une mouche ne grandit jamais ; d'une manière générale un insecte, une fois formé, ne s'accroît plus ; ce n'est qu'à l'état de larve que les insectes peuvent grandir.

Il n'en est pas de même de l'écrevisse ; nous pouvons trouver dans le ruisseau de petites écrevisses tout à fait semblables aux grandes, ce sont des écrevisses jeunes.

Mais comment cette écrevisse enveloppée d'une carapace dure et solide va-t-elle pouvoir grandir ? L'enveloppe durcie ne peut s'accroître.

On peut élever de jeunes écrevisses dans un petit bassin, en leur donnant de la nourriture de temps en temps. Elevons ainsi une écrevisse assez petite, pour voir ce qu'elle deviendra. Au bout d'un nombre de mois plus ou moins grand, nous nous apercevrons à un certain moment que l'écrevisse perd sa carapace. Les pièces des antennes et de la tête se détachent et laissent apparaître des parties molles, puis les anneaux de la queue. L'écrevisse est comme épluchée naturellement. Mais bientôt, sur les parties molles nouvelles et qui grandissent, se forme peu à peu une nouvelle enveloppe dure, une carapace plus grande que la première.

L'écrevisse a changé de peau : nous dirons qu'elle a mué. L'écrevisse subit ainsi plusieurs *mues* successives, assez nombreuses d'abord, dans la première partie de son existence; plus tard, il n'y a plus qu'une seule mue par année, à la fin du printemps; elle peut ainsi continuer à grandir toujours, en changeant de peau chaque année. Il en est qui vivent jusqu'à vingt-cinq ans.

125. Différences entre l'écrevisse et la crevette des ruisseaux. — Reprenons maintenant l'écrevisse et la crevette des ruisseaux, et cherchons quelles sont les principales différences que nous offrent ces deux crustacés. La crevette des ruisseaux n'a pas les anneaux de la tête et de la poitrine soudés ensemble, comme ceux de l'écrevisse; elle n'a pas de pinces. Ses yeux ne sont pas portés sur une petite tige mobile; la nageoire qui termine l'extrémité de sa queue n'offre pas une large surface aplatie comme celle de l'écrevisse.

126. Diverses sortes de crustacés. — Crabe. — Regardons cet animal, qu'on trouve souvent au bord de la mer (fig. 124): c'est un crabe. Il respire dans l'eau; il est recouvert d'une peau durcie et pierreuse; ses pattes, ses pinces, ses antennes rappellent celles de l'écrevisse. Nous reconnaissons bien que c'est un crustacé.

Mais, tandis que le corps de la crevette des ruisseaux est d'un bout à l'autre visiblement composé d'anneaux successifs, nous ne voyons pas de semblables anneaux chez le crabe, où toutes les pièces du corps semblent confondues en une masse générale. S'il n'avait pas les pattes composées d'articles successifs, nous ne nous serions pas doutés, au premier abord, que nous avions affaire à un articulé.

Mais si nous dépeçons un crabe pour le manger, nous trouverons, reployé sous la carapace, un court abdomen composé d'anneaux successifs.

Ici, la nageoire terminale n'est pas développée; le crabe ne nage pas, il ne recule pas comme l'écrevisse en don-

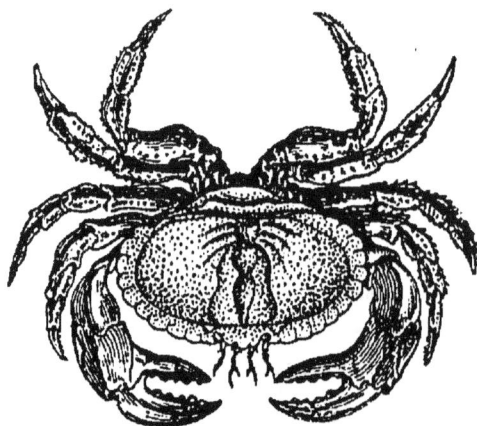

Fig. 124. Crabe.

nant des coups de queue; il est seulement disposé pour marcher.

D'autres animaux bien connus, qui habitent les eaux de la mer, comme le homard, la langouste, la crevette ordinaire seront bien facilement reconnus par nous pour des animaux crustacés; tous respirent dans l'eau, sont recouverts d'une carapace durcie, marchent comme l'écrevisse et sont munis d'un grand nombre de pattes.

127. Crustacés respirant dans l'air humide. — Cloporte. — Sous les pierres humides ou dans les caves, nous pourrons trouver souvent de petits animaux semblables à celui que représente la figure 125 : ce sont des cloportes.

Ces animaux ne vivent pas dans l'eau, mais dans l'air très humide. Ils ne pourraient respirer dans l'air sec.

Quoiqu'ils ne respirent pas absolument dans l'eau, mais dans l'air très humide, ce sont pourtant des crustacés; ils peuvent se rouler en se repliant vers leur face inférieure, comme l'écrevisse ou les crevettes. Ils sont revê-

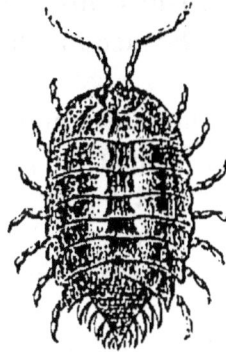

Fig. 125. Cloporte.

tus d'une peau dure, épaisse et solide dont ils changent pour grandir. Regardons celui-ci : nous lui trouvons un grand nombre de pattes; deux à chacun des sept anneaux les plus grands.

Nous pouvons distinguer les anneaux de la queue, et la tête qui porte les yeux et les antennes.

128. Résumé. — Les animaux articulés qui respirent dans l'eau (ou, rarement, dans l'air très humide comme les cloportes), et qui ne peuvent vivre dans l'air sec, sont appelés *crustacés*.

Nous avons reconnu que leurs principaux caractères sont les suivants :

En général, les crustacés sont recouverts par une peau durcie qu'ils renouvellent de temps en temps pour grandir; ils ont, le plus souvent, un grand nombre de pattes articulées; les anneaux de leur corps sont ordinairement mobiles, de façon que l'animal puisse se replier du côté de sa face inférieure.

L'écrevisse a les anneaux antérieurs du corps soudés

en une seule pièce qui comprend à la fois la tête et la poitrine.

Sa tête porte deux paires d'*antennes*, des *yeux* soutenus par des tiges mobiles; au-dessous se trouve la *bouche*, entourée de nombreuses pièces disposées par paires et qui lui servent de *mâchoires*.

Sa poitrine porte en-dessous dix pattes allongées, dont les deux antérieures, beaucoup plus grosses, sont terminées par des *pinces*.

Son abdomen est composé d'anneaux mobiles; il se termine par la *nageoire*, formée de pièces aplaties, disposées en éventail et qui lui sert à nager à reculons.

Le homard, la langouste sont des crustacés qui ressemblent beaucoup à l'écrevisse; comme elle, ils sont à la fois marcheurs et nageurs.

Le crabe est seulement disposé pour la marche: son abdomen, très réduit, est caché sous l'énorme carapace qui comprend la tête et la poitrine; ses pattes et ses pinces ressemblent à celles de l'écrevisse.

La crevette des ruisseaux est un tout petit crustacé qui est nettement articulé d'un bout jusqu'à l'autre et qui nage plus souvent qu'il ne marche.

Les *cloportes* sont aussi visiblement composés d'articles d'un bout à l'autre du corps; ils peuvent respirer dans l'air humide.

CHAPITRE XV.

129. Différence entre l'araignée et le carabe. — Nous venons d'examiner un certain nombre d'animaux articulés que nous avons groupés les uns sous le nom d'insectes, les autres sous le nom de crustacés ; mais il existe d'autres animaux articulés qui diffèrent à la fois des uns et des autres.

Voici une araignée de jardin. Elle vit dans l'air et n'est pas disposée pour respirer dans l'eau, ni même dans l'air humide comme le cloporte : ce n'est pas un crustacé.

N'est-ce point un insecte ?

L'araignée n'a pas d'ailes : comparons-la à un insecte

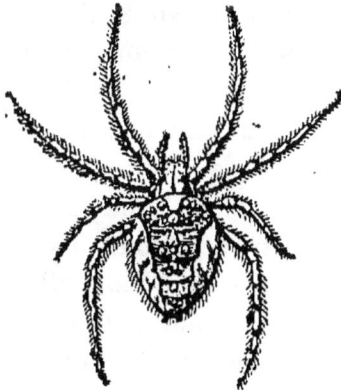

Fig. 126. Araignée épeire.

marcheur, comme le carabe, que nous avons étudié (voy. fig. 106).

Comptons le nombre des pattes. Comme tous les insectes, le carabe possède six pattes. Combien en a l'araignée ? Huit ; c'est là une première différence. Chez l'araignée, il est impossible de distinguer la tête de la poitrine ; le corps n'est divisé qu'en deux parties principales, l'une qui porte les huit pattes, ainsi que les deux crochets placés en avant, et l'autre, nettement formée d'anneaux successifs, que nous reconnaissons pour l'abdomen.

L'araignée n'est pas un insecte.

130. Diverses sortes d'araignées. — Araignées tisseuses. — On sait que l'araignée-épeire des jardins, tisse une toile pour attraper les insectes ailés dont elle se nourrit.

Observons-en une au moment où elle commence à construire ce tissu délié. En regardant avec soin, nous verrons que plusieurs fils très fins sortent, non par la bouche de l'araignée, comme les fils du ver à soie, mais à l'extrémité de l'abdomen, par deux prolongements appelés *filières*.

Une fois que ces fils sont produits, nous pouvons remarquer que l'araignée les saisit avec ses pattes pour en contourner plusieurs ensemble, de manière à en former un fil à la fois très fin et très solide. C'est avec l'extrémité de ses pattes, dont chacune est munie de deux petites griffes, que nous voyons l'araignée tisser les fils avec dextérité et les diriger pour les tendre dans la direction voulue.

Lorsque l'épeire a tendu entre deux branches de plantes plusieurs fils disposés en rayons, elle en place d'autres en partant du centre et en tournant en spirale, de manière à rejoindre en travers tous les rayons.

Sous une feuille, au bord de sa toile, elle se file une retraite : c'est là qu'elle pond ses œufs et qu'elle les entoure d'un cocon qui les protège contre le froid. Lorsque les petites araignées sont écloses, elles forment quelques fils légers qui flottent dans l'air et y demeurent attachées. Le vent peut ainsi les emporter suspendues à ces fils (1) et

(1) Les fils blancs qu'on voit flotter souvent à l'automne, et qu'on connaît sous le nom de *fils de la Vierge,* sont les fils abandonnés par les araignées après leur voyage dans les airs.

va les déposer plus loin; la jeune araignée tisse alors sa première toile.

Nous voyons, par ces observations, que l'épeire est une araignée organisée surtout pour filer, pour tisser une toile : c'est une araignée tisseuse.

131. Faucheurs.—Araignées coureuses. — Les faucheurs (fig. 127), qui courent avec agilité au moyen de

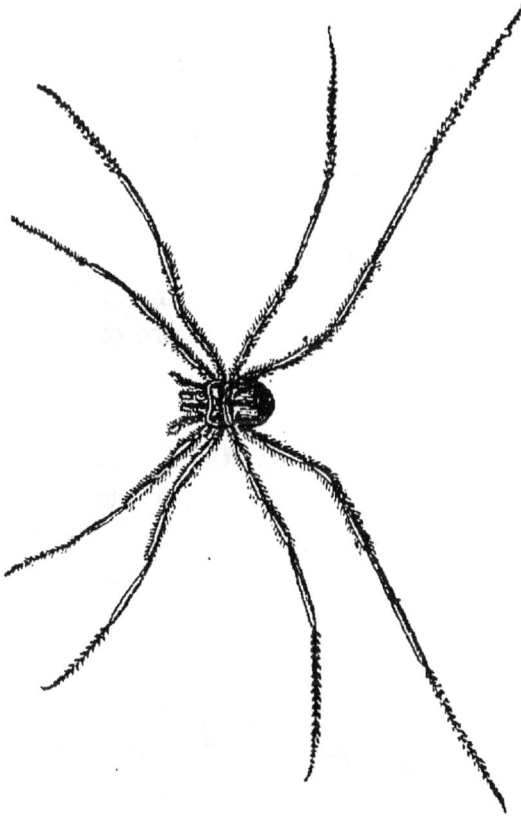

Fig. 127. Faucheur

leurs longues pattes déliées sur le sol, sur les herbes ou sur l'écorce des arbres, à la poursuite des insectes, ressemblent-ils, par quelques caractères, aux épeires ?

Nous voyons qu'ils ont huit pattes attachées avec les crochets sur la première partie du corps; le corps n'est divisé qu'en deux parties principales : celle dont nous venons de parler et l'abdomen.

Ainsi, les faucheurs sont des araignées, mais ils ne chassent pas les insectes en tissant une toile, ils les poursuivent à la course, avec leurs pattes qui sont extrêmement longues par rapport à leur corps. Nous pouvons dire que le faucheur est une sorte d'araignée *coureuse*.

Comme l'épeire, le faucheur émet par la bouche un venin qu'il verse dans la blessure faite à sa proie (1).

132. Araignées sauteuses. — On peut observer aussi des araignées qui vont à la poursuite de leurs proies; mais leurs membres diffèrent beaucoup de ceux des faucheurs; les cuisses des pattes antérieures sont très grosses, et ces pattes sont disposées pour le saut.

Lorsqu'on voit se déplacer ces animaux, on remarque, en effet, qu'ils arrivent en sautant par saccades et qu'ils bondissent sur leurs proies. Ce sont des araignées *sauteuses*.

133. Scolopendre et Iule. — Les Mille-pattes. — On voit quelquefois sortir des fentes des pierres ou des écorces, de petits animaux allongés, luisants, qui marchent avec un très grand nombre de pattes : ce sont des scolopendres (fig. 128).

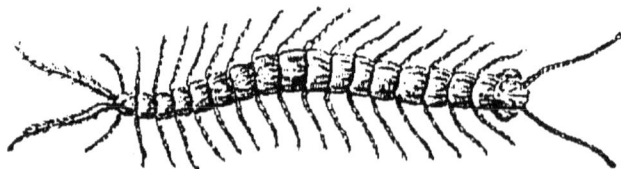

Fig. 128.
Mille-pattes (scolopendre).(La tête se trouve à droite de la figure.)

_____

(1) Les venins de l'épeire et des faucheurs sont sans action sur l'homme; il n'en est pas de même de celui de certaines araignées de cave qui peuvent produire des piqûres assez fortes.

Examinons l'un de ces animaux : chacun des articles du corps porte une paire de pattes. En avant, la tête est munie de mandibules et d'antennes. C'est un articulé qui respire dans l'air; mais nous ne lui reconnaissons ni les caractères d'un insecte, ni ceux d'une araignée.

Le iule (fig. 129), animal qu'on peut trouver sur le sol ou sur les feuilles et qui, au lieu d'être carnassier, vit de matières déjà mortes, ressemble beaucoup au précédent; seulement il a deux paires de pattes à chaque anneau de son corps.

Fig. 129. Iule.

Ces animaux articulés, à nombreuses pattes, elles-mêmes composées d'articles, qui sont organisés pour respirer dans l'air, mais qui ne sont ni des insectes, ni des araignées, sont appelés, d'une manière générale, des *mille-pattes*.

131. Ver de terre, sangsue. — Vers. — Regardons maintenant un ver de terre (fig. 130). C'est un

Fig. 130. Ver de terre.

animal bien différent de tous ceux que nous venons de passer en revue. Il ne ressemble ni à un insecte, ni à un crustacé, ni à une araignée, ni à un mille-pattes. Il n'a aucune carapace, sa peau n'est même pas durcie à la surface.

C'est pourtant bien un articulé.

Son corps est composé très visiblement d'anneaux successifs, mais il n'a pas de membres articulés.

Il rampe sur le sol et se déplace par les mouvements

de tous petits prolongements en forme de fils raides, insérés à droite et à gauche, à chaque anneau.

La sangsue (fig. 131) n'a aucune espèce de membres,

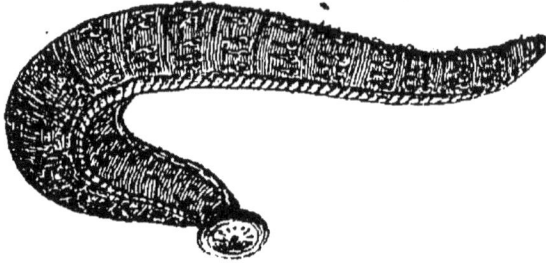

Fig. 131. Sangsue. (La tête est à droite de la figure.)

elle ne se déplace pas en rampant. Si on en observe une dans un bocal, on voit qu'elle colle fortement sa tête contre la paroi, puis se courbe, rapproche sa queue de sa tête, la colle à son tour, se détend et s'allonge pour aller placer sa tête plus loin, et ainsi de suite. La sangsue vit dans l'eau et non dans l'air, comme le ver de terre; elle peut se nourrir de petites bêtes aquatiques et attaquer aussi les gros animaux; car sa bouche est armée de trois fortes mâchoires qui font une blessure et lui permettent de sucer le sang.

Comme le ver de terre, la sangsue n'est pas recouverte d'une carapace; comme lui, elle n'a pas de membres articulés. C'est seulement aux bandes transversales de son corps et à des taches régulièrement disposées qu'on peut reconnaître à l'extérieur que l'animal est formé par une suite d'articles.

Nous disons que le ver de terre et la sangsue sont des vers.

135. Araignées. — Mille-pattes. — Vers — Résumé.

— Nous venons d'étudier quelques animaux articulés qui ne sont pas de la même sorte que les insectes et les crustacés. Résumons en quelques mots leurs principaux caractères :

Les *araignées* ont huit pattes et leur corps est divisé en

deux parties principales, l'une qui comprend à la fois la
tête et la poitrine, l'autre qui est l'abdomen. Certaines
araignées tissent une toile pour attraper les insectes à l'affût : telles sont les épeires des jardins ; d'autres courent
après leurs proies, comme les faucheurs ; certaines espèces sont sauteuses et bondissent sur les insectes qu'elles
attrapent.

Les *mille-pattes* vivent dans l'air comme les araignées ;
on les reconnaît à leur corps allongé, divisé en un grand
nombre d'articles, dont chacun est muni de pattes articulées. Les scolopendres ont une paire de pattes par article,
les iules en ont deux.

Tandis que les araignées et les mille-pattes ont des
membres articulés, les *vers* sont dépourvus de membres
ou ne possèdent que des soies sans articles ; leur corps
seul est composé d'anneaux successifs. Ils ne sont pas
protégés par une peau durcie ou par une carapace, comme
les autres animaux à articles. Tels sont le ver de terre
et la sangsue.

CHAPITRE XVI.

ANIMAUX MOUS, NON ARTICULÉS (MOLLUSQUES).

**136. Le colimaçon et l'huître. — Les mollus-
ques.** — Nous avons déjà comparé le colimaçon et l'é-
crevisse. Nous savons que le colimaçon n'est pas un animal articulé : son corps mou forme une masse où nous ne
pouvons pas trouver la forme des anneaux successifs que
nous avons remarqués en observant le corps des vers.

En regardant l'huître (fig. 132), trouvons-nous des ar-

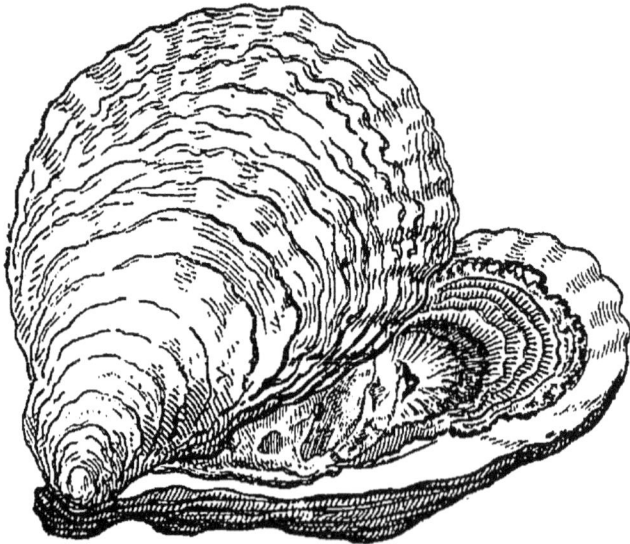

Fig. 132. Huître.

ticles ? Aucun ; à l'intérieur des deux parties de la coquille, le corps de l'huître, mou comme celui du colimaçon, ne présente aucune trace d'anneaux. Comme le colimaçon, l'huître peut abriter son corps dans une enveloppe, plus pierreuse et bien plus dure encore que la carapace des crustacés. Elle est, il est vrai, divisée en deux valves au lieu de présenter une forme contournée comme celle du colimaçon ; mais elle est formée de la même matière et, chez l'huître comme chez le colimaçon, elle peut protéger complètement l'animal, quand l'huître se ferme, ou lorsque le colimaçon se contracte et rentre dans sa coquille.

Les animaux qui ont ainsi le corps mou, qui sont sans articles et qui le plus souvent possèdent une coquille dure extérieure leur servant d'abri, ont été appelés les animaux *mollusques.*

Le colimaçon, l'huître, la moule, le peigne, la seiche, sont des mollusques.

137. Diverses sortes d'animaux mous. — Colimaçon, limace. — Mollusques rampants. — Le colimaçon (fig. 133) a une coquille d'une seule pièce et enroulée.

Fig. 133. Colimaçon.

Nous distinguons plus ou moins nettement sa tête, dont la position est indiquée par la bouche et par les yeux placés au bout de petites tiges molles (qu'on nomme vulgairement les cornes du colimaçon).

Regardons comment cet animal se déplace : il n'a pas de membres, il n'a pas même de petites soies fines comme le ver de terre. Il rampe sur le sol en déformant son corps.

Les limaces (fig. 134) sont des animaux mous. qui

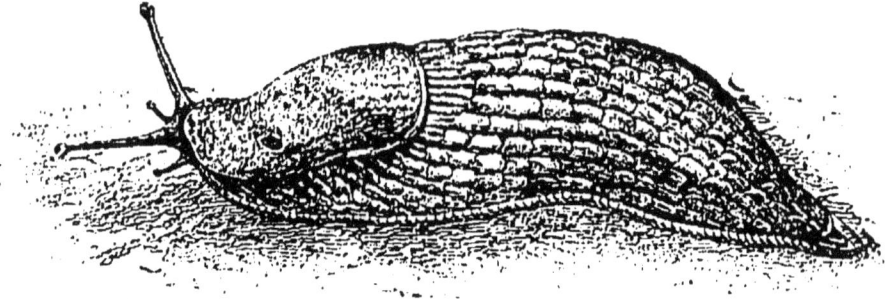

Fig. 134. Limace.

ressemblent beaucoup aux colimaçons ; mais elles n'ont de coquille que lorsqu'elles sont très jeunes. Elles marchent aussi en rampant sur la terre ou sur les végétaux dont elles se nourrissent.

Quelques espèces de limaces ont une petite coquille pendant toute leur vie ; mais, même dans la limace ordidinaire qui n'a pas de coquille, nous reconnaissons un mollusque, car nous ne trouvons sur son corps aucune trace d'anneaux successifs.

Le colimaçon, la limace sont des mollusques *rampants*.

138. Huitre. — Mollusques à deux valves et fixés.
— La coquille du colimaçon est d'une seule pièce : celle de l'huître, nous le savons, est formée de deux parties distinctes qui peuvent s'écarter l'une de l'autre, par une sorte de charnière, et qu'on nomme les *valves* de la coquille. Lorsqu'on observe les huîtres dans la mer, on s'aperçoit qu'elles sont fixées sur les rochers, au-dessous de l'eau. Elles sont attachées au sol par leur grande valve, l'autre forme comme une sorte de couvercle que l'animal peut laisser ouvert, pour que l'eau de mer vienne baigner son corps ; les débris des plantes et des petits animaux qui flottent dans l'eau peuvent être ainsi happés au passage par

la bouche de l'huître, sans qu'elle se déplace pour aller à leur recherche.

L'animal peut aussi appliquer avec force sa petite valve sur la grande, lorsque quelque danger le menace, ou lors-qu'on le retire de la mer. Dans ce dernier cas, l'huître emprisonne avec elle une certaine quantité d'eau de mer et elle reste vivante dans sa coquille fermée. Pour fermer sa coquille, l'huître comprime cette partie de la charnière qui relie les deux valves et que l'on coupe pour détacher l'huître quand on la mange.

L'huître, en effet, est un mollusque disposé pour respirer dans l'eau, tandis que le colimaçon et la limace ne res-pirent que dans l'air. Si l'on maintenait ouverte la coquille de l'huître, hors de l'eau l'animal ne tarderait pas à périr.

Lorsque l'huître est très jeune, au sortir de l'œuf, elle est excessivement petite, et elle peut nager dans l'eau. Cette toute petite larve d'huître finit par se fixer au fond de l'eau, elle se forme une envelopppe mince, peu à peu elle prend l'aspect d'une huître telle que celle que nous avons examinée ; la coquille s'agrandit et s'épaissit par couches successives. On distingue très bien ces diverses couches en lamelles, lorqu'on examine avec attention une coquille d'huître (voy. fig. 132).

En résumé, l'huître est un mollusque *fixé*, dont la co-quille est à deux valves et qui est organisé pour vivre dans l'eau. On n'y distingue pas d'yeux, ni même aucune trace de tête.

139. Pholades. — Mollusques perforants. —

Voici des animaux mollusques (fig. 135) qui ressemblent plus à l'huître qu'au colimaçon ; ils ont comme elle deux valves à leur coquille : ce sont des pholades. Au lieu de fixer l'une des valves en la soudant au rocher, les pho-lades creusent des trous dans les roches les plus dures pour y habiter.

C'est sans doute simplement par le jeu des deux valves de la coquille frottant sur la roche que ces animaux peu-vent ainsi perforer des trous. On est, en effet, parvenu avec beaucoup de patience à entamer les roches en les frottant avec des coquilles de pholades.

Les pholades sont des mollusques que nous pouvons appeler *perforants*. On ne les rencontre que sur les côtes.

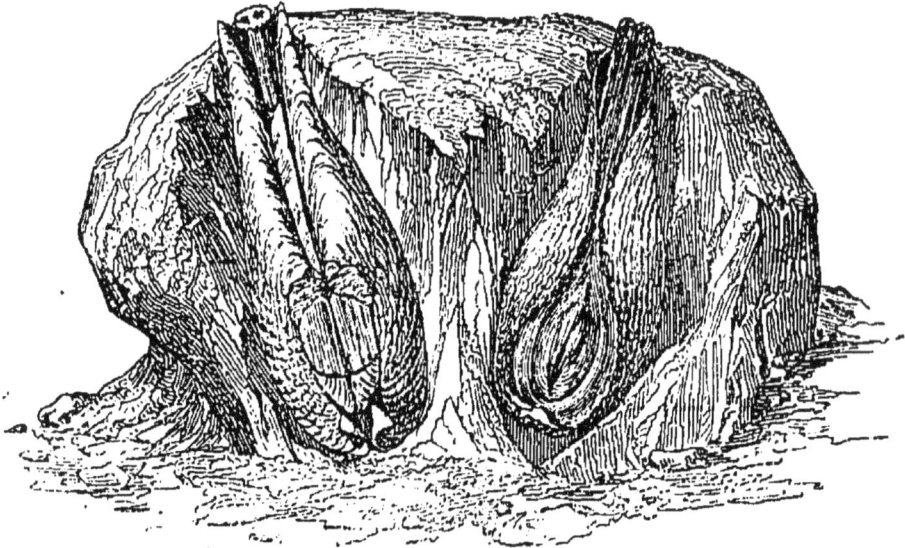

Fig. 135. Pholades (mollusques perforants).

140. Seiche. — Coquille intérieure. — Mollusques nageurs. — On voit dans presque toutes les cages d'oiseau un corps ovale, blanc, connu vulgairement sous le nom de biscuit de mer, et qu'on accroche dans la cage pour que les oiseaux aiguisent leur bec sur sa surface.

Ce corps se trouve dans l'intérieur d'un mollusque marin dont voici la forme (fig. 136) et qu'on appelle la seiche. On ne lui trouve aucune coquille extérieure ; sa coquille est à l'intérieur.

La seiche est-elle pour cela un vertébré ? Nous pourrions la prendre pour un animal à os, en voyant une partie dure et minérale à l'intérieur de son corps. Mais, dans cet os de seiche, comme on pourrait l'appeler, nous ne reconnaissons aucune trace de vertèbres ; rien qui nous rappelle le squelette d'un animal à os. La seiche est un invertébré ; c'est un mollusque.

La tête est bien distincte et munie de chaque côté de

deux gros yeux. Au-dessus de la tête nous voyons de longs bras munis de nombreux petits bourrelets ronds. Ce sont les *suçoirs* que la seiche applique sur sa proie pour la retenir tandis qu'elle la mâche avec une sorte de bec dur et corné qui est disposé à l'entrée de la bouche.

Lorsqu'on observe les seiches dans la mer on voit qu'elles *nagent* à reculons. Elles repoussent leur corps en arrière au moyen d'un tube particulier où elles refoulent l'eau, et aussi en s'aidant de leurs bras. Lorsque les sei-

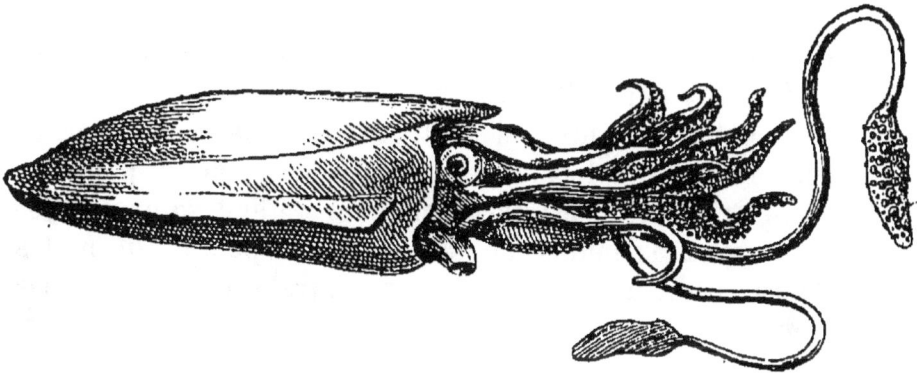

Fig. 136. Seiche.

ches sont poursuivies par les dauphins, elles jettent autour d'elles un liquide noir, qui est renfermé dans une poche spéciale (1). Elles profitent du trouble qu'elles ont produit dans l'eau pour prendre la fuite en nageant.

141. Résumé. — Les animaux mollusques que nous venons de voir ne sont pas divisés en articles successifs.

Leur corps *mou* peut être le plus souvent protégé par une *coquille* dure, minérale ; plus rarement cette partie dure est renfermée à l'intérieur de l'animal, comme dans la seiche. La coquille protectrice peut être d'une seule pièce et enroulée, comme dans le colimaçon ; le mollusque peut alors y rentrer pour s'y abriter, en contractant son corps.

---

(1) Appelée *poche à encre*. Le liquide connu sous le nom de *sépia* sert à faire une couleur d'un noir un peu jaunâtre, employée par les peintres d'aquarelle.

Chez d'autres mollusques, comme l'huître et la moule, la coquille est formée de deux valves que l'animal peut fermer pour se protéger ou laisser ouvertes pour que l'eau se renouvelle autour de son corps.

Certains mollusques rampent sur le sol, comme le colimaçon et la limace ; d'autres ne se meuvent que dans leur tout jeune âge et *fixent* leur coquille sur les rochers ; telles sont l'huître, la moule. Il en est, comme les pholades, qui *perforent* les rochers pour s'y creuser une demeure. Les seiches, les poulpes peuvent nager dans l'eau, en pleine mer.

Les aliments des mollusques sont très variés. La limace vit surtout de végétaux : elle les entame avec une sorte de langue très dure ; l'huître se nourrit des débris de plantes et de petits animaux qui se trouvent dans l'eau de mer : elle ouvre simplement sa bouche très molle pour les happer ; la seiche est carnassière et retient sa proie avec de larges bras munis de suçoirs ; elle peut déchirer les chairs avec une sorte de bec dur, formé de pièces crochues.

CHAPITRE XVII

ANIMAUX A RAYONS (RAYONNÉS).

142. Comparaison de l'étoile de mer et du colimaçon. — Voici un animal (fig. 137) très différent de

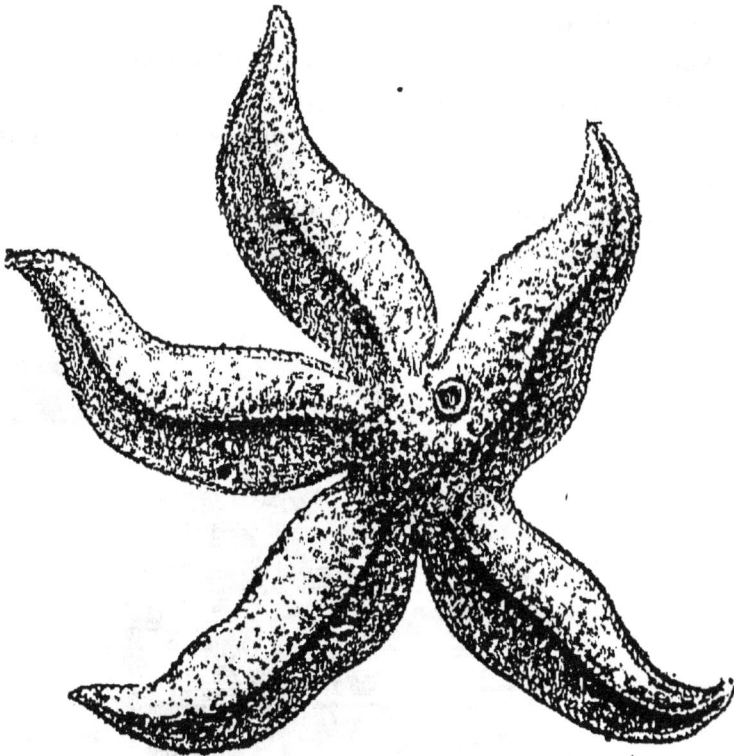

Fig. 137. Etoile de mer.

tous ceux que nous connaissons; on en trouve souvent sur

les plages marines. A cause de sa forme, on l'appelle *étoile de mer*.

Son corps est dur à l'extérieur. Coupons-la, nous ne trouverons en dedans que des parties molles : l'étoile de mer est un animal sans os, un invertébré.

Est-ce un animal formé d'articles disposés à la suite les uns des autres? Non.

Nous ne trouvons pas non plus que l'étoile de mer ressemble à un mollusque. Comparons-la à ce colimaçon.

Peut-on reconnaître au colimaçon une droite et une gauche? a-t-il deux côtés? Certainement; nous voyons, en regardant sa tête, que l'une de ses longues cornes est placée à droite et l'autre à gauche; nous reconnaissons au colimaçon deux côtés : une droite et une gauche.

En est-il de même de cette étoile de mer?

Nous y voyons cinq branches égales, s'écartant les unes des autres dans cinq directions différentes. Où est la droite? Où est la gauche? Il nous est impossible de le déterminer.

Nous trouvons ainsi que l'étoile de mer n'est ni un vertébré, ni un articulé, ni un mollusque.

Fig. 138. Corail.

143. L'étoile de mer et le corail. — Les ani-maux à rayons (rayonnés). — Au-dessous des rochers sous-marins, dans la Méditerranée, par exemple, on trouve parfois des arborescences telles que celles-ci (fig. 138) on les appelle *corail*. On dirait une plante couverte de pe-tites fleurs. Mais, si l'on examine de près cette sorte d'arbre, on s'aperçoit qu'il est formé de branches pier-reuses, dures comme la coquille d'un mollusque. On voit aussi que ce que nous avions pu prendre pour des fleurs, au premier abord, sont de petits animaux implantés dans les branches pierreuses ; car on peut les voir étaler leurs petits bras en étoile (fig. 139) ou bien les refermer brus-quement pour saisir leurs aliments.

Fig. 139. Animaux du corail (grossis avec une forte loupe).

Ces petits animaux sont réunis tous ensemble par une matière pierreuse qu'ils ont successivement formée autour d'eux ; cette sorte de demeure commune où sont fixés tous les animaux de la société se nomme un polypier.

Examinons l'un de ces animaux du corail, grossi à la loupe : nous n'y distinguons, pas plus que dans l'étoile de mer, une droite et une gauche, nous ne pouvons pas lui reconnaître deux côtés. Il étale également dans tous les sens ses huit branches, disposées en rayons comme ceux de l'étoile de mer.

Les animaux ainsi conformés, chez lesquels on ne peut distinguer ni droite ni gauche, dont les parties du corps

sont souvent disposées en rayons, ont été appelés *animaux
à rayons* ou *rayonnés*.

114. Oursin. — Nous pourrons trouver aussi , au
bord de la mer, des corps ronds, munis de piquants, qui
ressemblent un peu à des châtaignes, au premier aspect :
on les appelle oursins.

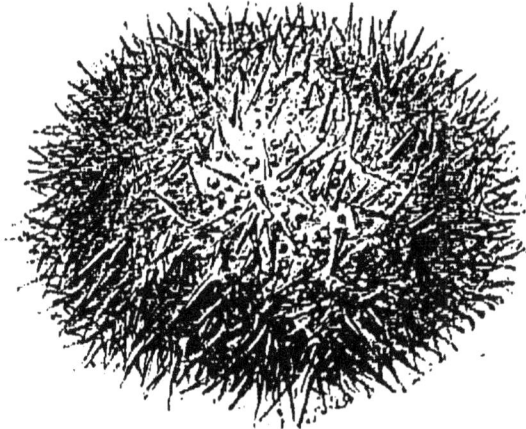

Fig. 110. Oursin.

Ce sont des animaux; on peut les voir se déplacer sur le
fond de l'eau en faisant mouvoir leurs piquants (1). Pre-
nons-en un : nous pourrons voir, au-dessous de son corps,
sa bouche munie de cinq dents pointues.

Pas plus que chez les animaux précédents, nous ne pourrons distinguer chez l'oursin une droite et une gauche.

En l'examinant avec soin , nous reconnaîtrons que
les piquants ne sont pas distribués uniformément à sa
surface : ils sont plus grands dans cinq régions qui s'éta-
lent en étoile à partir de la bouche. Cette disposition
rayonnée s'observe mieux sur la carapace durcie de l'oursin, quand on en a enlevé tous les piquants.

145. Résumé. — Nous réunissons sous le nom

---

(1) L'oursin se déplace surtout au moyen de petits suçoirs mobiles qui
sont placés sur cinq régions de son corps, disposées en étoile.

d'*animaux à rayons* ou *rayonnés*, tous ceux chez lesquels on ne distingue ni droite ni gauche, qui n'ont pas deux côtés. Leur corps est souvent découpé en rayons ou offre des parties en disposition rayonnée.

Certains d'entre eux sont revêtus d'une carapace dure et imprégnée de substances minérales, comme l'oursin et l'étoile de mer; d'autres, comme les animaux du corail, ont le corps mou, mais peuvent l'abriter presque complètement dans une demeure commune, dure et minérale, qu'ils se sont construite et où ils vivent en société.

L'animal du corail fait des mouvements avec ses huit bras, mais il ne se déplace pas tout entier; l'oursin peut se mouvoir en roulant lentement sur le sol.

CHAPITRE XVIII.

ANIMAUX TRÈS PETITS, INVISIBLES A L'ŒIL NU

146. Microscope. — Examinons l'eau d'un vase où l'on a laissé longtemps tremper des fleurs sans la renouveler. A l'œil, nous n'y remarquerons rien que de petits débris plus ou moins informes. Prenons une goutte de cette eau et mettons-la sur une plaque de verre (fig. 141);

Fig. 141. Lame de verre sur laquelle on a placé la goutte à examiner.
A gauche: Lamelle qu'on place ensuite sur la goutte.

recouvrons la goutte d'eau avec une lamelle de verre mince (fig. 141); plaçons ensuite le tout sur le plateau P de cet instrument appelé *microscope* (fig. 142). Regardons par en haut dans le tube T, en plaçant notre œil à l'endroit où est la lettre O sur la figure 142. Nous nous sommes placés, je suppose, sur une table, devant une fenêtre; tournons le miroir M, en continuant à regarder par le tube, jusqu'à ce que nous apercevions une vive lumière.

A ce moment, approchons lentement le tube T, en tournant la vis figurée à droite du tube T. A un moment, nous verrons apparaître nettement une partie de la toute petite goutte d'eau considérablement grossie.

Grâce à cet instrument, nous pourrons aussi découvrir que cette goutte d'eau était habitée par une foule de petits animaux que nous n'aurions pu découvrir à l'œil nu, ni même en nous aidant d'une loupe.

10.

**147. Animaux microscopiques des infusions. —
Infusoires.** — Ces petits êtres n'étant visibles qu'au
moyen du microscope, nous pouvons dire qu'ils sont mi-

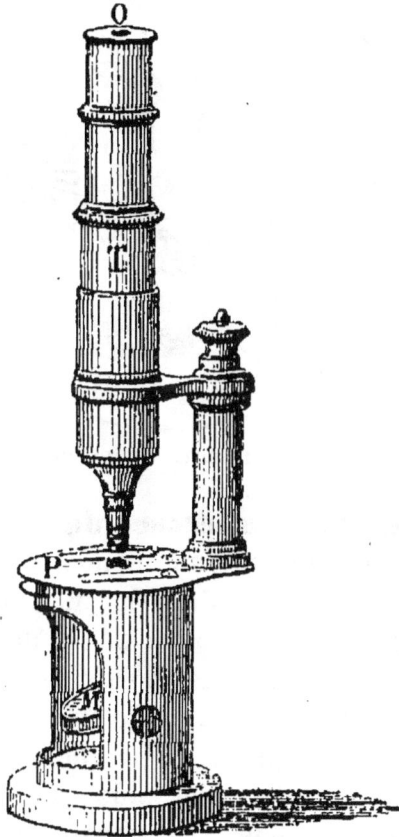

Fig. 142. Microscope.

M, miroir renvoyant la lumière ; P, plateau sur lequel on pose la lame
de verre ; T, tube à travers lequel on regarde par en haut (en O).

croscopiques. Comme on les observe en abondance
dans de l'eau où l'on a fait tremper pendant longtemps
des plantes, c'est-à-dire dans une infusion de plantes, on
les a appelés *infusoires*.

Ils ont des formes très variées (fig. 143) : tantôt ils nagent librement dans l'eau, au moyen de petits cils ; tantôt,
ils sont fixés par un pied sur un débris de végétal. On
peut presque toujours reconnaître qu'ils ont une bouche par

laquelle ils font entrer, avec leurs cils mobiles, les petits débris dont ils se nourrissent.

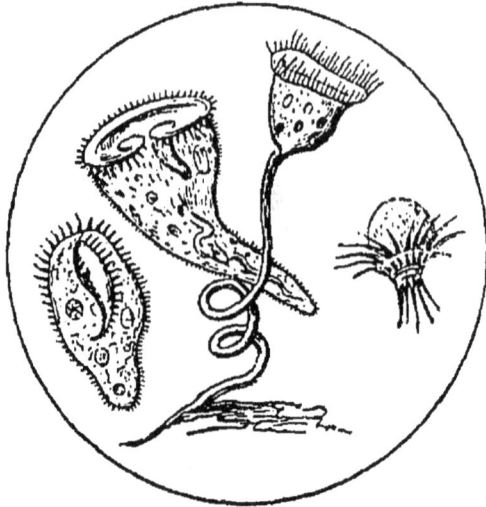

Fig. 143. Infusoires vus au microscope.

**148. Animaux microscopiques du fond des
mers.** — Si, au moyen d'une sonde, on recueille la vase
blanche qui est au fond de l'Océan Atlantique, dans les
parties profondes, et qu'on en délaie dans l'eau une toute
petite parcelle pour l'observer au microscope (1), on dé-
couvre aussi une masse de petits animaux (fig. 144).

Mais ceux-ci sont protégés par de fines coquilles, déli-
cates, qui ont les formes les plus compliquées. C'est l'ensemble de ces coquilles se déposant les unes au-dessus
des autres, qui forme cette vase blanche.

On ne distingue pas de bouche chez ces animaux microscopiques marins; la masse molle de l'animal peut absor-
ber des petites particules dont il fait sa nourriture par
toute sa surface.

En laissant sécher cette vase, on aurait une masse
dure, ressemblant à un morceau de craie. C'est que la

---

(1) Pour observer un corps quelconque au microscope, il faut toujours
placer dans une goutte d'eau placée sur la lame de verre (fig. 141), le
petit fragment qu'on veut examiner, puis recouvrir le tout par une petite
lamelle de verre.

craie est aussi formée par les petites carapaces d'animaux microscopiques, entassées les unes sur les autres, en masses innombrables.

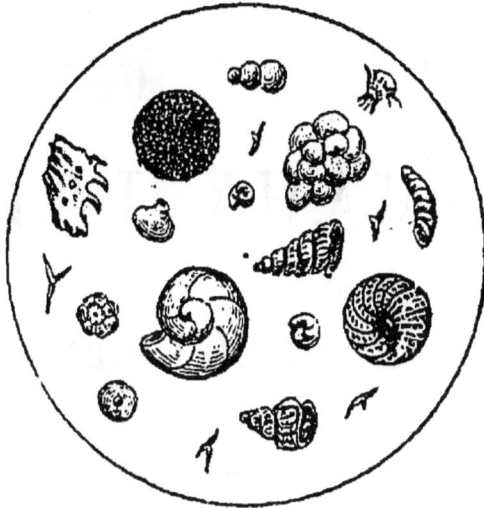

Fig. 144.
Animaux microscopiques du fond des mers, vus au microscope.

149. Résumé. — Il existe des animaux extrêmement petits, qu'on ne peut apercevoir ni à l'œil nu, ni à la loupe; on les voit très bien à l'aide de l'instrument appelé *microscope*.

Ce sont des animaux *microscopiques*.

Dans les infusions, on en rencontre qui nagent au moyen de petits cils très fins; on y distingue une bouche. En général, ils ne sont pas recouverts d'une carapace dure. Ce sont les *infusoires*.

Au fond des mers, on trouve aussi d'autres animaux microscopiques. Ceux-ci sont recouverts de coquilles.

ANIMAUX UTILES

ET NUISIBLES⁽¹⁾

CHAPITRE IX.

ANIMAUX UTILES A L'HOMME

150. Ce qu'on entend par animaux utiles et ani-maux nuisibles. — L'homme, en se plaçant uniquement à son point de vue, distingue deux catégories d'animaux, ceux qui lui sont utiles et ceux qui lui nuisent.

Dans la vie pratique, ces animaux sont les seuls dont on s'occupe.

---

(1) Les sujets compris dans cette partie du programme ne peuvent pas être développés comme ceux compris dans les chapitres qui précèdent. Des lectures sur les animaux utiles et nuisibles pourraient accompagner, avec avantage, les leçons faites sur les diverses espèces d'animaux. Nous ne voulons donner ici que des indications générales. Les limites forcément restreintes d'un livre d'*enseignement* ne nous permettent pas de nous étendre sur ces nombreux sujets.

Signalons, d'abord, les différentes manières dont les animaux peuvent nous être utiles.

151. Utilisation de la peau, des poils, des plumes, des os, des coquilles. — Les *os* de beaucoup d'animaux vertébrés sont employés pour fabriquer un grand nombre d'objets (boutons, manches de couteaux, etc).

Avec les dents, on fabrique les objets en ivoire; avec les sabots, les objets en corne.

Parmi les vertébrés, les mammifères peuvent être utilisés pour leurs *poils* et leur peau (fourrures, cuir). Les poils qui sont employés en masse pour bourrer les meubles, par exemple, forment ce qu'on nomme le crin. Avec les poils des moutons on fait les étoffes de laine, les draps qui peuvent servir à nous couvrir, à nous protéger contre le froid.

Les oiseaux fournissent les *plumes* qu'on utilise aussi pour nous protéger contre le froid (duvet des oreillers, des édredons), ou pour fabriquer divers objets (plumeaux, plumes d'oie pour écrire, etc.).

La peau des reptiles ne porte, nous le savons, ni poils ni plumes, mais elle est quelquefois dure et résistante en même temps qu'ornée de plaques de diverses formes. On utilise la peau durcie des tortues, sous le nom d'écaille, pour fabriquer des peignes, des porte-monnaie, etc.

On ne se sert pas souvent de la peau des poissons; cependant, les requins ont une peau résistante et susceptible d'être polie, dont on recouvre divers objets.

La partie intérieure de la *coquille* de beaucoup de mollusques à deux valves est formée par une substance translucide appelée nacre, dont on se sert aussi dans l'industrie.

152. Lait, œufs. — Nous avons vu que le caractère principal des animaux mammifères est l'allaitement. Les petits sont allaités par leur mère dans leur premier âge. L'homme est parvenu à augmenter beaucoup la pro-

duction du *lait* chez certains animaux, la vache et la chèvre, par exemple, pour s'en nourrir lui-même. Il fabrique le beurre en battant le lait, le fromage en le faisant aigrir rapidement.

Les *œufs* de plusieurs oiseaux servent aussi de nourriture avant que le développement que nous connaissons ne s'y soit produit. Nous mangeons dans l'œuf de poule qui vient d'être pondu, le jaune et le blanc qui étaient destinés à la formation du poussin. On élève les poules dans les basses-cours, en partie pour manger leurs œufs.

153. Animaux domestiques qui aident l'homme. — Les animaux que nous venons de nommer, la vache, la chèvre, les poules sont élevés et soignés par l'homme; ils habitent souvent dans sa demeure. Ce sont des animaux *domestiques*.

Il est d'autres animaux domestiques qui *aident* l'homme dans ses travaux : tels sont le chien, le cheval, l'âne, dont l'utilité est trop connue pour que nous ayons besoin d'y insister.

D'autres animaux sont employés dans différentes contrées pour traîner et pour porter; tels sont le renne, dans les pays du Nord, le chameau, en Afrique, etc.

154. Animaux domestiques que l'on mange. — Certains animaux domestiques, comme les lapins, les porcs, les canards, les oies, sont élevés pour être mangés.

Parmi ceux que nous avons déjà cités, le mouton, le bœuf, la poule, le canard fournissent de la viande de boucherie ou de la volaille pour notre consommation.

155. Insectes domestiques. — Miel, cire, soie. — Nous savons que l'homme élève aussi certains insectes pour se servir de leurs produits. Les abeilles, dont nous avons étudié l'organisation en société, sont installées par lui dans des ruches. On récolte une partie du *miel* qu'elles ont approvisionné; on emploie la *cire* des rayons pour faire les cierges, etc.

Le ver à soie, dont nous avons examiné en détail le développement, est aussi un insecte domestique. On le cultive pour ses cocons, dont on file la *soie* afin d'en fabriquer des étoffes.

156. Gibier. — Chasse. — L'homme ne mange pas seulement des œufs, du lait ou de la chair des animaux domestiques. Il se nourrit aussi d'un certain nombre d'animaux sauvages (mammifères et oiseaux), que d'une manière générale on nomme le *gibier*.

Parmi les animaux dont nous avons parlé, ceux qui peuvent recevoir ce nom sont : les lapins sauvages, les lièvres, les cerfs, les perdreaux, etc.

Pour *chasser* ces animaux, l'homme emploie un grand nombre de procédés (pièges, filets, armes à feu, etc.). D'autres animaux l'aident dans la chasse. On élevait les faucons (oiseaux de proie) pour chasser d'autres oiseaux; mais c'est surtout le chien qui est utile à l'homme dans la chasse; on a su le dresser à la recherche du gibier, d'une manière toute spéciale.

Parfois on emploie un animal carnivore appelé *furet* pour chasser les lapins sauvages. On introduit le furet dans le terrier; il force les lapins à sortir de leur retraite, en les poursuivant; à la sortie, on les tire à coups de fusil, ou bien on les attrape dans un filet.

157. Animaux aquatiques que l'on mange. — Pêche. — Parmi les animaux aquatiques, beaucoup nous servent de nourriture : un grand nombre de poissons d'eau douce ou de mer, des crustacés, tels que les écrevisses qu'on trouve dans les ruisseaux, les homards ou les crabes qui habitent les eaux marines, beaucoup de mollusques, les huîtres, les peignes, les moules; parmi les rayonnés, les oursins, etc.

Pour *pêcher* les poissons d'eau douce on se sert souvent de hameçons, munis d'un appât, attachés, soit à des lignes qu'on tient à la main, soit à des lignes flottantes

qu'on laisse sur l'eau pendant un certain temps avant de
les retirer.

On pêche aussi les poissons d'eau douce avec des filets
de toutes formes.

Les truites, qui sont, comme nous l'avons vu, insectivores (§ 82), peuvent se pêcher avec une ligne dont l'ha-
meçon est muni d'une mouche artificielle, que le pêcheur
fait voltiger habilement au-dessus de l'eau.

Les écrevisses se pêchent dans les ruisseaux au moyen
de filets tendus sur un cercle en fil de fer et sur lesquels
on dispose des morceaux de viande ou de grenouille.

La plupart des poissons crustacés, des mollusques, des
oursins qui habitent dans la mer, près des côtes, sont
recueillis par de grands filets suspendus aux bateaux et
qu'on laisse traîner au fond de l'eau.

Les poissons de l'Océan sont aussi pêchés quelquefois
avec des filets que l'on tend de haut en bas sur des piquets,
lorsque la mer est basse; ils sont ensuite recouverts par
l'eau à la marée montante, et lorsque la mer se retire de
nouveau, un grand nombre de poissons restent arrêtés
dans les mailles des filets.

158. Résumé. — L'homme utilise un certain nombre
d'animaux, soit pour sa nourriture, soit pour en tirer diverses substances employées à la fabrication des objets ou
des vêtements qui lui sont nécessaires.

On nomme *animaux domestiques* ceux que l'homme
élève dans sa demeure ou auprès de lui, afin d'en faire
usage. Certains d'entre eux sont surtout employés comme
auxiliaires (âne, cheval, chien); d'autres servent à la consommation, soit indirectement (lait, œufs, miel), soit directement par leur chair (viande, volaille).

Beaucoup d'oiseaux et certains mammifères sauvages
sont *chassés* et servent aussi de nourriture. Un grand
nombre de poissons, de crustacés, de mollusques sont *pêchés* dans le même but.

La peau, les os, les sabots, les cornes, les poils, les

plumes, la carapace des tortues, la soie du ver-à-soie, les coquilles, le corail, etc., fournissent des matières premières pour la fabrication d'un grand nombre d'objets.

CHAPITRE XX.

ANIMAUX NUISIBLES A L'HOMME

159. Animaux directement nuisibles. — Mammifères carnivores; vipères; requins .— Parlons d'abord des animaux qui peuvent s'attaquer directement à nous ; nous verrons ensuite quels sont ceux qui nuisent à nos animaux domestiques, à nos récoltes, à nos habitations, aux objets qui nous sont utiles.

Plusieurs espèces d'animaux *carnivores* peuvent manger les hommes : tels sont les tigres, les lions qui sont moins redoutables, les loups et certaines espèces d'ours. Mais les animaux carnivores de nos pays ne sont guère à craindre ; les loups attaquent rarement l'homme et les ours de nos montagnes ont peur de lui; ils sont d'ailleurs très peu nombreux.

Parmi les oiseaux de proie, il n'en est pour ainsi dire aucun qui s'attaque à l'homme, ou même aux enfants.

Plusieurs reptiles sont beaucoup plus dangereux.

En Asie, en Afrique, en Amérique, on sait combien sont féroces les crocodiles ou les caïmans, ainsi qu'un grand nombre de serpents. En France, il n'y a guère qu'un serpent à craindre, c'est la *vipère*, dont nous avons parlé (§ 66). Elle ne nous mange pas comme les serpents boas de l'Amérique du Sud, mais elle peut nous faire, avec ses crocs à venin, des blessures qui sont assez souvent mortelles.

La vipère n'attaque pas l'homme, elle se défend seulement. Lorsqu'on marche dans les bruyères, en été il peut arriver qu'on effraye une vipère ou qu'on la frôle du pied sans s'en douter. Le serpent se croit attaqué et cherche alors à mordre avec ses crocs à venin.

Les autres reptiles que nous avons étudiés ne sont pas dangereux.

Parmi les animaux batraciens, le crapaud, dont l'aspect est repoussant, est souvent l'objet de grandes terreurs, car il suinte à la surface de l'animal un liquide visqueux dont l'effet est redouté. Le venin du crapaud ne peut faire mal si on l'applique sur la peau. Il faut que la peau ait été piquée et qu'il ait été introduit dans la blessure pour qu'il devienne dangereux. On comprend ainsi que le crapaud ne pouvant faire de blessure pour y infiltrer son venin, ce n'est pas un animal à craindre, pas plus que les tritons et les salamandres, dont on a souvent aussi très peur.

Peu de poissons s'attaquent à l'homme. Parmi ceux que nous avons cités, nous avons vu que le *requin*(§82), dont les mâchoires sont munies de plusieurs rangées de dents, peut avaler un homme presque d'un seul coup. En certains cas, les *lamproies* peuvent aussi s'attacher à la peau d'un baigneur et lui faire d'assez fortes blessures.

160. Animaux articulés, parasites et venimeux.
— Passons aux animaux invertébrés, et voyons de quelle manière ils nous sont nuisibles.

On sait que certaines espèces d'insectes vivent sur notre corps, soit au milieu des cheveux (les poux, par exemple), soit sur la peau, qu'ils piquent pour la sucer (puces, punaises). On appelle en général *parasites* les animaux qui vivent aux dépens d'un autre être. Les puces et les punaises sont des insectes parasites. Ces insectes piquent avec leur bouche. D'autres ont un aiguillon à venin, disposé à l'autre extrémité de leur corps. Tels sont les abeilles, les guêpes et les frelons; les derniers surtout sont très dangereux. Ces insectes ne sont pas parasites; ils ne nous piquent pas pour sucer notre sang, mais seulement lorsqu'ils se croient attaqués.

Parmi les araignées, nous avons vu que certaines es‑
pèces émettent par leurs crochets un liquide venimeux
qui peut causer des piqûres. Il en est de même de cer‑
tains mille-pattes.

Quant aux vers, nous avons dit que la sangsue était
organisée pour sucer le sang; mais ce n'est pas sa seule
nourriture. D'autres vers sont encore plus complètement
parasites et vivent à l'intérieur de notre corps.

Les animaux mollusques et les animaux rayonnés ne
nous sont presque jamais directement nuisibles.

**161. Animaux qui attaquent nos animaux do‑
mestiques.** — Les animaux, que nous venons de citer ou
d'autres analogues, peuvent aussi nous nuire indirectement
en attaquant nos animaux domestiques.

Les loups peuvent dévorer les moutons et les chèvres,
les renards peuvent venir prendre des poules jusque dans
les fermes; certains autres carnivores, comme les fouines,
sont encore plus à craindre, et causent de grands ra‑
vages dans les poulaillers.

Plus souvent encore que nous, les animaux domestiques
ont leurs parasites; puces, mouches, vers, etc.; certains
d'entre ces derniers peuvent causer des maladies
dangereuses aux animaux sur lesquelles ils sont établis.
Ainsi, des vers d'une forme particulière qui s'installent
parfois dans le cerveau des moutons, leur donnent la ma‑
ladie qu'on nomme le tournis, parce que les moutons
tournent souvent sur eux-mêmes lorsqu'ils en sont atteints
gravement; d'autres vers habitent le foie des moutons, où
ils s'y développent parfois en très grand nombre, etc.

**162. Animaux qui nuisent aux récoltes ou aux
provisions.** — Parmi les mammifères, certaines espèces
de rongeurs, comme les mulots ou les campagnols,
vivent de graines prises dans nos champs et dévastent
parfois nos récoltes. D'autres rongeurs, les rats et les
souris, qui vivent dans les maisons, s'attaquent à nos pro‑
visions.

Plusieurs espèces d'oiseaux mangent aussi les graines dans les champs et les fruits sur les arbres des vergers ; mais un nombre encore plus grand d'oiseaux nous sont indirectement utiles, parce qu'ils se nourrissent d'insectes nuisibles.

Ce sont, en effet, surtout les insectes qui sont à redouter ; ce sont eux principalement qui détériorent les provisions ou ravagent les récoltes. Parmi ceux que nous avons étudiés, les plus nuisibles sont le hanneton à l'état de larve (on l'appelle alors ver blanc), qui détruit les racines des plantes fourragères, la courtilière (§ 107) qui dévore les légumes dans les potagers. Certains criquets (§ 106) produisent en Algérie des dévastations terribles ; ils se déplacent et s'envolent par masses énormes qui viennent s'abattre sur les récoltes et les détruisent entièrement.

Il est encore bien d'autres insectes dévastateurs. Le phylloxera, très petit puceron, qui attaque l'extrémité des racines de la vigne ; les blattes qui dévorent la farine ; les chenilles qui rongent les feuilles de beaucoup d'arbres, dans les bois ou les avenues ; un grand nombre d'insectes de toutes sortes envahissent les céréales, les plantes industrielles et fourragères, etc...

On le comprend, tous ces insectes nuisibles vivent, en général, de végétaux et de matières végétales.

Au contraire, les insectes carnassiers nous sont généralement utiles, parce qu'ils détruisent, de même que les mammifères insectivores et les oiseaux insectivores, un grand nombre d'insectes nuisibles. Tel est le carabe, que nous avons étudié (§ 104).

163. Animaux qui nuisent aux produits industriels, aux habitations, etc. — Ce sont encore les insectes qui s'attaquent le plus aux vêtements, aux produits industriels et aux charpentes des maisons. Les chenilles d'un petit papillon bien connu qu'on voit parfois voler dans les appartements, le papillon à laine, dévorent les couvertures et les draps ; les termites creusent des galeries dans les poutres de construction et leur enlèvent leur solidité, de manière que le plancher qu'elles soutiennent peut s'effondrer ; d'autres s'attaquent aux parquets. Les bois de charpente des constructions de marine, les digues, les pilotis sont à l'abri de ces insectes ; mais ils sont percés par les tarets, mollusques allongés qui, avec leur coquille, savent forer des galeries dans le bois.

164. Résumé. — Certains animaux peuvent nous dévorer. Ce sont surtout quelques mammifères carnivores, plusieurs espèces de reptiles (crocodiles, serpents), et les requins parmi les poissons.

Dans nos pays, les vertébrés les plus dangereux sont les vipères, qui nous blessent mortellement avec leurs crocs à venin.

Il existe des animaux *parasites*, c'est-à-dire qui vivent sur nous et à nos dépens parfois.

Tous ces animaux nous sont *directement nuisibles*.

Ces mêmes animaux ou d'autres encore qui leur sont analogues s'attaquent à nos animaux domestiques. Quelques mammifères rongeurs comme les rats, mais surtout beaucoup d'insectes, dévastent nos récoltes ou mangent nos provisions.

D'autres espèces d'insectes dévorent les vêtements de laine ou creusent les charpentes. Une sorte de mollusques (les tarets) percent les bois des constructions maritimes. Ces animaux nous sont *indirectement nuisibles* (1).

_____

(1) Nous aurions pu citer un bien plus grand nombre d'animaux utiles ou nuisibles mais il faut se garder de trop multiplier les exemples ; en se limitant aux espèces dont nous avons parlé, on pourra, en développant leur étude par de nombreuses lectures, donner aux élèves une idée bien suffisante de ces questions.

TABLE ALPHABÉTIQUE DES MATIÈRES

A

11.

B

C

D

E

F

O

P

Y

FIN DE LA TABLE DES MATIÈRES.

Paris-Imp. PAUL DUPONT, 4L rue Jean-Jacques-Rousseau. 1 12.2.81

Librairie classique PAUL DUPONT, rue J.-J.-Rousseau, 41, Paris

COURS COMPLET
D'HISTOIRE NATURELLE
CONFORME AUX PROGRAMMES DU 2 AOUT 1880

PAR

M. GASTON BONNIER

Agrégé des Sciences physiques, Docteur ès Sciences naturelles,
Maitre de Conférences à l'École Normale Supérieure

Classe de huitième. — ANIMAUX

Un vol. in-12 avec figures dans le texte. 1 90

(Ce volume doit servir pour la classe de cinquième jusqu'en 1883
et pour la classe de septième en 1881.)

Classe de huitième — VÉGÉTAUX

Un vol. in-12 avec figures dans le texte. (Sous presse.)   » »

(Ce volume doit servir pour la classe de quatrième jusqu'en 1884,
et pour la classe de septième en 1881.)

Classe de septième. — PIERRES ET TERRAINS

Un vol. in-12 avec 91 figures dans le texte . . . . .   1 fr. 90

(Ce volume doit servir pour la classe de quatrième jusqu'en 1884,
et pour les classes de sixième et de troisième en 1881.)

Classe de cinquième. — ZOOLOGIE

Un vol. in-12 avec figures dans le texte. (Sous presse.)   » »

Classe de quatrième. — BOTANIQUE

Un vol. in-12 avec figures dans le texte. (Sous presse.)   » »

Classe de quatrième. — GÉOLOGIE

Un vol in-12 avec figures dans le texte. (Sous presse.)   » »

Classe de philosophie. — ANATOMIE ET PHYSIOLOGIE ANIMALES

Un vol. in-8° avec figures. (En préparation.). . . . .   » »

Classe de philosophie. — ANATOMIE ET PHYSIOLOGIE VÉGÉTALES

Un vol. in-8° avec figures. (En préparation.). . . . .   » »

**Le Nouvel Enseignement des sciences naturelles et
expérimentales** dans la division élémentaire des
lycées, conférences faites aux professeurs de Paris,
Versailles et Vanves. — Les deux premiers volumes
sont en vente. — Chaque volume. . . . .   1 fr. 90

Librairie classique PAUL DUPONT, rue J.-J.-Rousseau, 41, Paris

COURS COMPLET

DE

GÉOMÉTRIE

CONFORME AU PROGRAMME OFFICIEL DU 2 AOUT 1880

PAR

M. E. COMBETTE ✳

Professeur agrégé de Mathématiques au Lycée Saint-Louis.

CLASSE DE QUATRIÈME. — Un vol. in-12 avec figures
dans le texte. . . . . Prix. 1 fr. 50

CLASSE DE TROISIÈME. — Un vol. in-12 avec figures
dans le texte. (Sous presse.). . . . . » »

CLASSE DE SECONDE. — Un vol. in-12 avec figures
dans le texte. (Sous presse.) . . . . » »

CLASSE DE RHÉTORIQUE. — Un vol. in-12 avec fig.
dans le texte. (Sous presse.) . . . . » »

CLASSE DE PHILOSOPHIE. — Un vol. in-12 avec fig.
dans le texte. (En préparation.). . . . . » »

www.ingramcontent.com/pod-product-compliance
Lightning Source LLC
Chambersburg PA
CBHW070533200326
41519CB00013B/3034